高职高专电子信息类系列教材

U0159720

Verilog HDL 项目式教程

贺敬凯　田晓华　编著

西安电子科技大学出版社

内 容 简 介

本书按照教学过程中的项目进行编写，各项目相关知识的推进符合教学规律，书中的内容全部符合 IEEE 1364-2001 标准。

全书分为 7 个项目：项目 1 主要阐述了 Verilog HDL 标准，并对 Verilog HDL 完成的两大功能进行了综述；项目 2 介绍了数据流建模；项目 3 介绍了结构化建模，包括门级原语和层次建模；项目 4 介绍了行为建模；项目 5 介绍了状态机建模；项目 6 列举了一些实用的数字电路设计实例；项目 7 设计了一个简易 CPU，建议将该项目作为学生的毕业设计项目或者实训项目。

本书可作为高职院校 EDA 技术和 Verilog 语言基础课及其相关实验指导课的教材，也可作为 Verilog 语言的初学者和中级水平的读者的参考书。

图书在版编目（CIP）数据

Verilog HDL 项目式教程 / 贺敬凯，田晓华编著. —西安：西安电子科技大学出版社，2023.6
ISBN 978-7-5606-6787-4

Ⅰ. ①V… Ⅱ. ①贺… ②田… Ⅲ. ①VHDL 语言—程序设计—教材 Ⅳ. ①TP312

中国国家版本馆 CIP 数据核字(2023)第 029414 号

策　　划　张紫薇
责任编辑　高　樱
出版发行　西安电子科技大学出版社(西安市太白南路 2 号)
电　　话　(029)88202421　88201467　　　邮　　编　710071
网　　址　www.xduph.com　　　　　　电子邮箱　xdupfxb001@163.com
经　　销　新华书店
印刷单位　陕西天意印务有限责任公司
版　　次　2023 年 6 月第 1 版　　2023 年 6 月第 1 次印刷
开　　本　787 毫米×1092 毫米　1/16　印　张　13.75
字　　数　322 千字
印　　数　1~2000 册
定　　价　42.00 元

ISBN 978-7-5606-6787-4 / TP

XDUP 7089001-1

如有印装问题可调换

前　言

Verilog HDL 数字设计是集成电路技术专业以及相关专业的技术主干课程，在高职院校开展此类课程的教学非常有必要，也非常有意义。这主要基于以下两点：① 目前 FPGA 的应用越来越广泛，而 FPGA 的开发需要使用硬件描述语言；② 测试工程师需要了解和掌握硬件描述语言及其相关开发环境、工具的使用方法。

本书按照作者的教学过程进行编写，各项目相关知识的推进符合教学规律。全书分为 7 个项目，项目 1 主要阐述了 Verilog HDL 标准，并对 Verilog HDL 完成的电路设计和电路仿真进行了综述；项目 2 介绍了数据流建模；项目 3 介绍了结构化建模，包括门级原语和层次建模；项目 4 介绍了行为建模；项目 5 介绍了状态机建模；项目 6 列举了一些实用的数字电路设计实例；项目 7 设计了一个简易 CPU。

本书主要有以下几个特点：所有的 Verilog 知识点均配有完整的设计实例；书中所有项目集趣味性、实用性、先进性于一体，易于调动学生学习的积极性。

根据教学计划，建议本书的教学时数为 72 学时左右，各章的次序和内容可依据各专业要求进行调整。

本书由贺敬凯、田晓华编著。本书在编写过程中引用了许多学者的著作和论文中的研究成果，在这里向他们表示衷心的感谢。同时，也要感谢西安电子科技大学出版社为本书出版付出的努力。

限于作者水平，书中的不足之处在所难免，恳请广大读者批评指正。

本书提供 PPT 课件，欢迎感兴趣的读者与作者联系，作者 E-mail：2372775147@qq.com。

作　者
2023 年 2 月

前 言

目　　录

项目 1　Verilog HDL 综述

本项目主要阐述 Verilog HDL 标准，并综述 Verilog HDL 的两大功能。这两大功能分别是电路设计和电路仿真。

任务 1.1　Verilog HDL 标准

Verilog HDL 目前有三个标准：IEEE 1364-1995、IEEE 1364-2001 和 IEEE 1364-2005。这三个标准分别发布于 1995 年、2001 年、2005 年，相应的标准可简称为 Verilog-1995、Verilog-2001 和 Verilog-2005。

Verilog HDL 语言最初是于 1983 年由 Gateway Design Automation 公司为其模拟器产品开发的硬件建模语言。由于该公司的模拟、仿真器产品广泛使用 Verilog HDL，因此该语言作为一种便于使用且实用的语言逐渐为众多设计者所接受。开放 Verilog 国际组织(Open Verilog International，OVI)是促进 Verilog HDL 发展的国际性组织。1992 年 OVI 决定致力于推广 Verilog 标准成为 IEEE 标准并于 1995 年获得成功(称之为 IEEE 1364-1995)。Verilog HDL 的具体的语言特性可参见该标准，在此不再赘述。

与 Verilog-1995 相比，Verilog-2001 加入了很多有用的特性，这些特性可以提高设计的生产效率、综合能力和验证效率。新特性包括：增加 generate 语句，简化模块多次实例化或者选择实例化；增强对多维数组的支持；增强文件 I/O 的操作；增加对 task 和 function 重入的支持；增加 always @(*)；增加新的端口声明方式；等等。

与 Verilog-2001 相比，Verilog-2005 增加了 Verilog-AMS，支持对集成的模拟和混合信号系统的建模，把寄存器类型(register type)改名为变量类型(variable type)。

2009 年，IEEE 1364-2005 和 IEEE 1800-2005 两个部分合并成 IEEE 1800-2009。IEEE 1800-2005 和 IEEE 1800-2009 都是 SystemVerilog 语言标准。SystemVerilog 是硬件描述验证语言(Hardware Description and Verification Language，HDVL)，是硬件描述语言和硬件验证语言的一个集成。

本书所有代码均符合 Verilog HDL 的 IEEE 1364-2001 标准。关于 Verilog HDL 标准更多的内容和细节，请读者自行查阅上述 Verilog HDL 标准。

任务 1.2　电 路 设 计

HDL，全称硬件描述语言，用来描述电路。采用 HDL 编写电路描述文件时，可用综合工具生成电路网表文件。电路设计完成后，通常需要查看综合后的电路。本书使用的综合工具软件是 Vivado 14。该版本支持 Verilog HDL 的 IEEE 1364-2001 标准。另外，本书部分项目也用到了 Quartus II 13 软件。关于 Vivado 14 和 Quartus II 13 软件的安装和详细使用说明，本书不展开介绍，感兴趣的读者可自行查阅相关资料。

在电路设计过程中，可能会结合使用 HDL 和 C 语言。HDL 与 C 语言两者有本质区别，如图 1-1 所示。

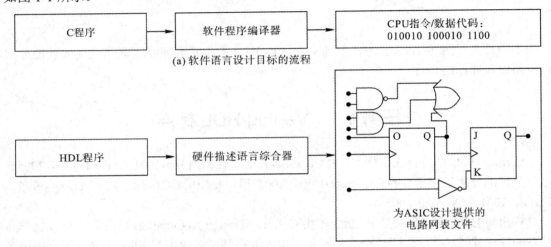

(a) 软件语言设计目标的流程

(b) 硬件语言设计目标的流程

图 1-1　C 语言和 HDL 语言的区别

C 语言是软件语言，编译后生成机器语言程序(机器语言程序是一系列指令)，并使 CPU 执行，并不生成硬件电路，CPU 处理软件指令需要取址、译码、执行，代码是串行执行的。HDL 是硬件描述语言，综合后生成硬件电路，代码是并行执行的。

在电路设计过程中，通常将 C 语言和 HDL 语言结合使用，具体表现在：

(1) 在电路设计中，C 语言可以进行先期的算法验证，待算法验证后再使用 HDL 语言来实现，也就是使用 C 语言辅助硬件设计。

(2) C 语言与 Verilog HDL 硬件描述语言相似，在完全理解了两种语言的语法和功能，并具备了软件思维和硬件思维之后，很容易将 C 语言的程序转成 Verilog HDL 语言的程序。

一、设计举例

【例 1-1】　使用 HDL 语言描述一个非门。

```
module mynot(A,Y);
    input wire A;
    output wire Y;
    assign Y=~A;
endmodule
```

上述代码中，将输出 Y 描述为输入 A 取反，可以使用综合工具查看生成的电路。

图 1-2　非门

综合的电路如图 1-2 所示。

【例 1-2】　使用 HDL 语言描述一个 D 触发器。

```
module mydff(clk, rst, d, q);
    input wire clk;
    input wire rst;
    input wire d;
    output reg q;
    always@(posedge clk, negedge rst) begin
      if(!rst)
        q <= 0;
      else
        q <= d;
    end
endmodule
```

上述代码中，复位时将 q 的值赋为 0，在 clk 上升沿将 d 赋值给 q。

综合的电路如图 1-3 所示。

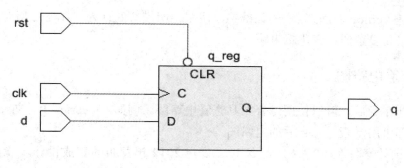

图 1-3　D 触发器

上述电路设计涉及的知识点有：module 结构及其相关知识点、assign 连续赋值语句、always 过程语句。

(1) module 结构。

module 和 endmodule 是 Verilog HDL 的关键字，用来说明模块。每个模块都可以理解为一颗特定功能的芯片。Verilog HDL 程序是由模块构成的，每个模块的内容都嵌在 module 和 endmodule 两个语句之间。

每个模块可实现特定的功能，且可进行层次嵌套。因此，可将大型的数字电路设计分割成不同的小模块来实现特定的功能，最后通过顶层模块调用子模块来实现整体功能。

(2) 端口属性。

每个模块需进行端口列表声明，说明输入/输出端口属性，并对模块的功能进行描述。input 和 output 是 Verilog HDL 的关键字，用来说明模块的端口属性。端口属性分别为 input(输入)、output(输出)和 inout(输入/输出)。另外，每个模块需进行端口列表声明，说明这些端口的输入、输出属性。

(3) 信号类型。

wire、reg 是 Verilog HDL 语言的关键字，用来说明模块内部信号的属性，包括线网类型、寄存器类型等。在设计过程中，需要注意的是，wire 通常用来说明在 assign 语句中被赋值的变量；reg 通常用来说明在 initial 语句或 always 语句中被赋值的变量。

(4) 注释语句。

可以用 /*···*/ 和 //··· 对 Verilog HDL 程序的任何部分作注释。一个有使用价值的源程序都应当加上必要的注释，以增强程序的可读性和可维护性。

(5) 书写格式。

Verilog HDL 程序的书写格式自由，一行可以写几个语句，也可以一个语句分写多行。除了 endmodule 语句外，Verilog HDL 程序中每个语句和数据定义的最后必须有分号。

(6) assign 连续赋值语句。

assign 是 Verilog HDL 语言的关键字，用来说明模块内部信号的连接关系。语句"assign Y = ~A;"的功能是：当 A = 1 时，Y = 0；当 A = 0 时，Y = 1。assign 语句常用于实现简单的组合逻辑电路。

(7) always 过程语句。

always 是 Verilog HDL 语言的关键字，用来说明模块的行为。always 语句常用于实现时序逻辑电路和复杂的组合逻辑电路。

二、查看电路图

代码设计完成后，可以使用综合工具查看电路图。例如，Quartus II、Vivado、Design Compiler 等都可用于查看综合后的电路图。

Vivado 设计套件是 FPGA 厂商 Xilinx 公司 2012 年发布的集成设计环境，包括高度集成的设计环境和新一代从系统到 IC 级的工具。本书使用的集成开发环境是 Vivado 2014.4。

Quartus II是 Altera 公司的综合性 PLD/FPGA 开发软件。本书使用的集成开发环境是 Quartus II 13.1。

Vivado 和 Quartus II均支持原理图、VHDL、Verilog HDL 等多种设计输入形式，内嵌自有的综合器以及仿真器，可完成从设计输入到硬件配置的完整设计流程。

下面以 Vivado 为例来说明查看综合后的电路图的步骤。

1. 创建新工程

(1) 打开"Vivado 2014.4"设计开发软件，选择"Create New Project"，如图 1-4 所示。

(2) 在弹出的创建新工程的界面中，点击"Next"按钮，开始创建新工程，如图 1-5 所示。

(3) 在"Project Name"界面中，将工程名称修改为"sw_led_vavido"，并设置好工程存放路径。同时勾选上创建工程子目录的选项。这样整个工程文件都将存放在创建的"sw_led_vavido"子目录中。然后，点击"Next"按钮，如图 1-6 所示。

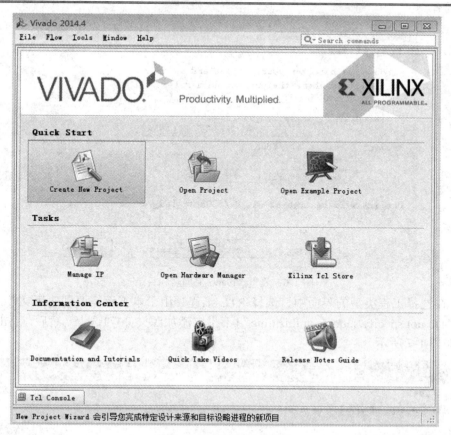

图 1-4　创建 Vivado 工程

图 1-5　新建 Vivado 工程界面

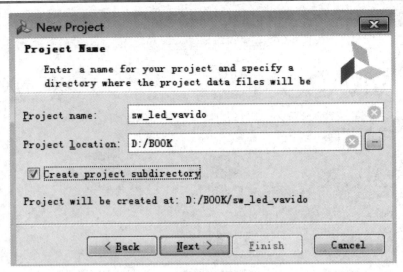

图 1-6　设置 Vivado 工程名和目录

(4) 在选择工程类型的界面中，选择 RTL 工程。由于本工程需要创建源文件，因此，无须将 "Do not specify sources at this time" (不指定添加源文件)勾选上。然后，点击 "Next" 按钮，如图 1-7 所示。

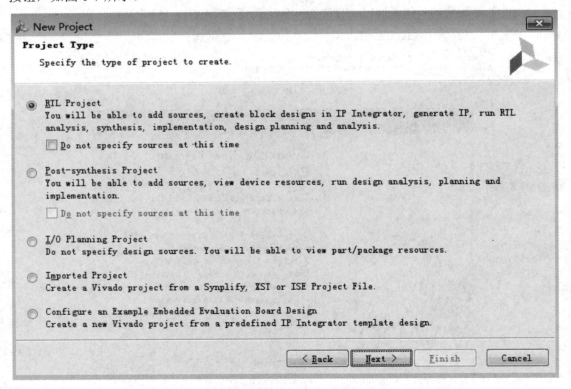

图 1-7　选择新建 Vivado 工程类型

(5) 在创建或添加 Verilog 源文件界面中，暂时先不新建或添加源文件。点击 "Next" 按钮，如图 1-8 所示。

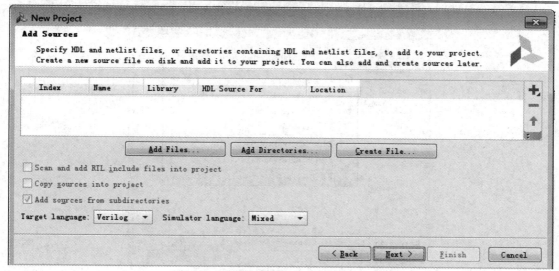

图 1-8　选择创建或添加 Verilog 源文件

　　(6) 在创建或添加约束文件界面中，暂时先不新建或添加约束文件。点击"Next"按钮，如图 1-9 所示。

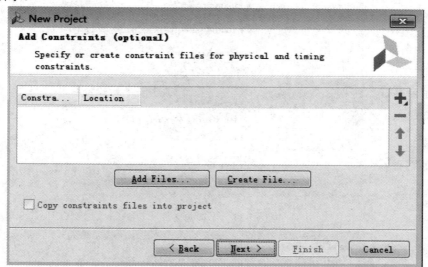

图 1-9　选择创建或添加约束文件

　　(7) 在器件板卡选型界面中，不选择任何器件，直接点击"Next"按钮。

　　(8) 在新工程总结界面中，检查工程创建是否有误。没有问题，则点击"Finish"按钮，完成新工程的创建。

2. 添加和编辑源文件

　　(1) 点击"Project Manager"目录下的"Add Sources"，如图 1-10 所示。

　　(2) 选择添加源文件。点击"Next"按钮，如图 1-11 所示。

　　(3) 点击"Create File…"，创建新文件。在弹出的对话框中输入文件名"sw_led_vivado"，点击"OK"按钮进行新建，如图 1-12 所示。

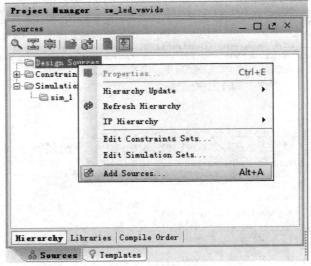

图 1-10　添加文件

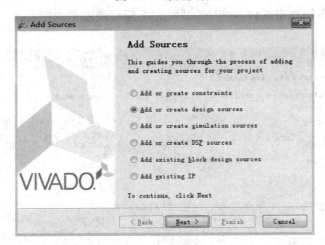

图 1-11　添加源文件

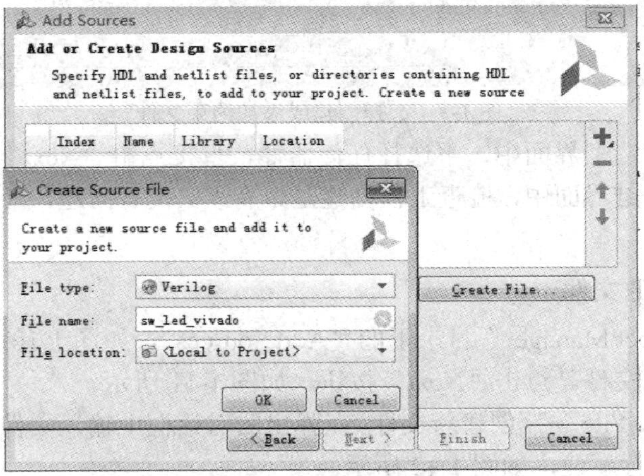

图 1-12　创建新源文件并命名

（4）在弹出的模块定义对话框中，保持默认，点击"OK"按钮后，在弹出的模块保存对话框中点击"Yes"按钮，完成源文件的创建。

（5）双击"sw_led_vivado.v"，在出现的源文件编辑框中完成源文件的编辑，如图 1-13 所示。

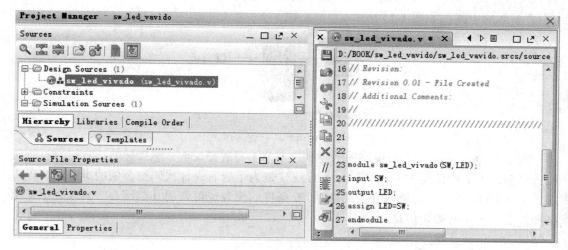

图 1-13　完成源文件的编辑

3. 查看 RTL 电路图

RTL 原理图不是设计开发描述工具，而是综合器输出的一个结果。在 FPGA 应用开发过程中，可以通过"RTL ANALYSIS→Schematic"查看电路图，如图 1-14 所示。

图 1-14　查看电路图

图 1-3 就是通过这种方法查看 D 触发器的电路图。

"RTL ANALYSIS→Schematic"功能在自顶向下的层级设计中，常用于检查模块端口间的连接是否正确，是一个比较实用的工具。在本书的后续章节中会使用这一工具给出电路原理图，说明模块间的连接关系；同时，在电路图的设计过程中，也常用这个工具来排查错误，尤其是模块间的连接错误。

另外，使用其他综合工具也可以查看电路图，如 Quartus II、Design Compiler 等。但在其他综合工具中查看的电路图与 Vivado 中的电路图在外观上不太一致，如例 1-2，在 Quartus II中查看到的电路图如图 1-15 所示。

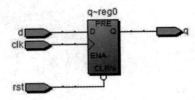

图 1-15　Quartus II中查看的电路图

关于在 Quartus II中查看电路图的步骤，本书不再展开说明，感兴趣的读者可自行查阅相关书籍。本书中使用 Vivado 或 Quartus 仅仅是为了查看设计代码综合成的电路图，以直观地了解 HDL 语言与电路图之间的联系。有条件的读者也可使用其他综合工具软件生成电路图，而不一定必须使用这两个工具。

任务 1.3　电 路 仿 真

HDL 语言描述的电路功能是否正常，可以使用仿真来验证。本书中的项目使用的仿真工具软件是 ModelSim 10.0，该版本支持 Verilog HDL 的 IEEE 1364-2001 标准。

本任务详细介绍了 Verilog 的仿真技术。因为可综合的语法是 Verilog 语法的一个子集，所以读者要全面了解 Verilog HDL 的强大功能，就必须详细全面地了解 Verilog HDL 语法，且为了配合对各种语法进行仿真分析，还需要借助 ModelSim 软件。ModelSim 是一种功能强大的仿真软件，不仅支持向量波形文件的仿真，还支持文本文件的仿真。

一、仿真举例

【例 1-3】　使用 HDL 语言对非门进行验证。

```verilog
module mynot_tb;
  reg    aa;
  wire yy;
  mynot mynot1(.A(aa),
               .Y(yy)
               );
  initial begin
    repeat(20) #10 aa = ($random)%2;
    $stop;
  end
//显示输出，aa 或 yy 有变化时才打印信息
```

```
    initial begin
        $monitor($realtime,"\t aa=%b, yy=%b", aa, yy);
    end
endmodule
```

上述代码可以实现对非门的仿真，仿真图形如图 1-16 所示。

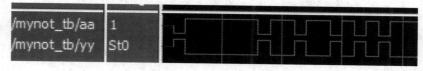

图 1-16　非门仿真结果

同时，仿真控制台输出的信息如图 1-17 所示。

```
VSIM 215> run
# 0          aa=x, yy=x
# 10         aa=0, yy=1
# 20         aa=1, yy=0
# 80         aa=0, yy=1
# 90         aa=1, yy=0
# 110        aa=0, yy=1
# 120        aa=1, yy=0
# 140        aa=0, yy=1
# 150        aa=1, yy=0
# 160        aa=0, yy=1
# 170        aa=1, yy=0
# 180        aa=0, yy=1
# 190        aa=1, yy=0
# Break in Module mynot_tb at
```

图 1-17　仿真控制台输出的信息

【例 1-4】　使用 HDL 语言对 D 触发器进行验证。

```
module mydff_tb;
    reg clk, rst, d;
    wire q;
    //例化：位置关联
    mydff UU(clk, rst, d, q);
    //clk 激励
    initial begin
        clk = 0;
        forever #5 clk = ~clk;
    end
    //rst 激励
    initial begin
        rst = 1;
```

```
        #7 rst = 0;
        #17 rst = 1;
     end
   //d 激励
   initial begin
      d = 0;
      forever #8 d = ($random)%2;
   end
 endmodule
```

上述代码可以实现对 D 触发器的仿真，仿真图形如图 1-18 所示。

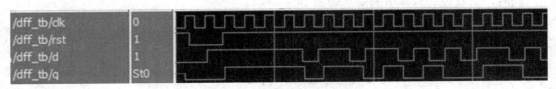

图 1-18　D 触发器的仿真结果

上述电路仿真涉及的知识点有 testbench、模块例化、initial 过程语句、延时仿真、多变量处理、循环语句、系统函数、仿真软件 force 功能等。

下面对这些知识点进行说明。

(1) testbench。

testbench 是一种验证手段。任何设计都会有输入/输出，但是在软环境中没有激励输入，也不会对设计的输出的正确性进行评估，因此 testbench 就应运而生了。testbench 是一种"虚拟平台"，俗称测试台，模拟实际环境的输入激励和输出校验的产生，可以对设计从软件层面上进行分析和校验。

测试台 mynot_tb 的主要功能是为 mynot 模块提供输入激励信号；测试模块 mydff_tb 的主要功能是为 mydff 模块提供输入激励信号。

(2) 模块例化。

测试台调用设计代码称为例化。非门测试的例化语句形式为

    mynot mynot1(.A(aa), .Y(yy));

其中，A 和 Y 为设计代码中的端口信号名，aa 和 yy 为测试代码中相对应的信号名。通过为 aa 增加激励，可以观察输出 yy 的响应。这种例化方式称为名称关联例化。

D 触发器测试的例化语句形式为

    mydff UU(clk, rst, d, q);

其中，clk、rst、d、q 均为测试模块中的信号，而没有出现设计模块中的信号名，这种例化的信号传递是由信号在端口中的位置决定的。这种例化方式称为位置关联例化。

应注意测试台中的变量声明与被例化的设计模块中的端口类型说明。例如，测试模块 mynot_tb 中 aa 为 reg 类型，而在设计模块 mynot 中 A 为 wire 类型。测试模块 mydff_tb 和设计模块 mydff，其中的端口类型也是类似的，测试模块 mydff_tb 中的 clk、rst、d 等变量均定义成了 reg 类型，而在设计模块中这些相应的端口均为 wire 类型。

(3) initial 过程语句。

initial 是 Verilog HDL 语言的关键字，用来为输入信号添加激励。在测试台 mynot_tb 中，为 aa 赋值 20 次，每次间隔 10 个时间单位，所赋的值是随机产生的。

(4) 延时仿真。

#N 表示的是延时 N 个时间单位。时间单位通过 'timescale 进行说明。在测试台 mynot_tb 中，repeat(20) #10 aa = ($random)%2；就是重复 20 次操作，每次操作的间隔为 10 个时间单位。

(5) 多变量处理。

当需要为多个变量设置激励时，虽然可以将所有激励写在一个 initial 语句块或一个 always 语句块中，但当设计输入信号多且变化情况也多时，则信号激励的产生会不太清晰，甚至会造成逻辑混乱。因此，建议为每个变量单独设置激励，即一个变量的激励设置仅在一个 initial 语句块或一个 always 语句块中处理。在测试台 mydff_tb 中，clk、rst、d 都是进行单独设置激励的。

(6) 循环语句。

forever 和 repeat 用于执行循环，前者表示循环次数无限；后者表示循环次数有限，且在其后括号中说明循环次数。

循环语句在仿真中较常用，使用循环语句设置激励比较高效实用。

(7) 系统函数。

调用系统函数时应在函数名前加 $。下面对例中的系统函数的作用进行说明。

stop 函数用来停止仿真。

monitor 和 display 函数用来显示当前变量值。monitor 与 display 的区别是：前者是待显示变量有变化时就会显示该变量的值，而 display 只显示一次。

realtime 函数用于显示当前仿真时间。

(8) 仿真软件 force 功能。

对于初学者，在 ModelSim 软件中，除了编写测试台仿真外，也可以直接使用软件中的 force 按钮产生激励进行仿真。使用 force 按钮产生激励的优点是不用写测试台程序，可以直接针对设计的输入设置相应的激励，然后直接观察设计的仿真结果。这种方法在一些简单设计中比较直观，减少了初学者编写测试台的干扰，对初学者学习语法和理解设计代码有一定的帮助。但对于熟悉 HDL 语言的开发者来说，建议在测试台上进行仿真。

二、基于 ModelSim 的仿真步骤

1. 创造 ModelSim 工程

(1) 点击"开始→程序→ModelSim SE-64 10.0c"或双击桌面上的快捷方式，打开 ModelSim 软件。

(2) 点击"File→New→Project"，出现如图 1-19 所示的界面，在"Project Name"中输入建立的工程名字"MyPrj"，在"Project Location"中输入工程保存的路径为"D:/BOOK_HDL"。注意：ModelSim 不能为一个工程自动建立一个目录，创建者应自己在 Project Location 中输入路径来为工程建立目录，使用自己创建的目录；在"Default Library Name"

中设置设计编译后存放的目标库，使用默认值。

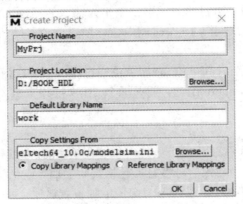

图 1-19　新建工程窗口

（3）编译设计文件后，在 Workspace 窗口的 Library 中会出现 work 库。完成各项设置后，点击"OK"按钮。

2. 添加工程文件

在如图 1-20 所示的界面中，可以点击不同的图标来为工程添加不同的项目。点击"Create New File"可以为工程添加新建的文件，点击"Add Existing File"为工程添加已经存在的文件，点击"Create Simulation"为工程添加仿真，点击"Create New Folder"可以为工程添加新的目录。这里我们点击"Create New File"。

（1）点击"Create New File"，出现如图 1-21 所示的界面。

图 1-20　为工程添加文件

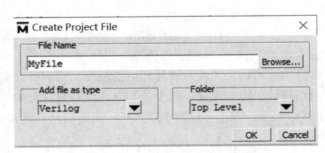

图 1-21　为工程添加已存在文件

（2）在"File Name"框中输入"MyFile"。在"Add file as type"下拉框中选择"Verilog"，如图 1-21 所示，点击"OK"按钮。

（3）打开"MyFile.v"文件，录入设计代码和测试代码，代码文件如下所示。

【例 1-5】　计数器的设计代码和测试代码。

```
//计数器设计代码
module counter(clk,rst,cnt);
    input clk,rst;
```

```
    output reg[3:0] cnt;    //4 位变量的计数范围：0~15
    always@(posedge clk,negedge rst) begin
        if(!rst) cnt<=0;
        else cnt<=cnt+1;
    end
endmodule
//计数器测试代码
module counter_tb;
    reg clk,rst;
    wire [3:0] cnt;
    counter UU(clk,rst,cnt);
    initial begin //clk 激励
        clk = 0;
        forever #5 clk = ~clk;
    end
    initial begin    //rst 激励
        rst = 1;
        #7 rst = 0;
        #17 rst = 1;
    end
endmodule
```

上述设计代码和测试代码均写在一个文件中。实际开发过程中，也可以将设计代码和测试代码分别写入两个不同名称的文件。

录入代码后，如图 1-22 所示。

图 1-22　录入代码后的工程界面

3. 编译工程

通过图 1-23 可以看出,在 Workspace 窗口中的"Project"选项卡里,"MyFile.v"文件状态栏有问号,这表示该文件未曾编译或者编译后又进行了修改。对文件的编译过程如下:

(1) 选择"Compile→Compile Selected"或者"Compile→Compile All",如图 1-23 所示。

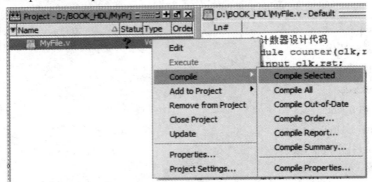

图 1-23　编译设计中的文件

(2) 在命令窗口中将出现"#Compile of Myfile.v was successful.",且在状态栏后有一对号,表示编译成功,如图 1-24 所示。

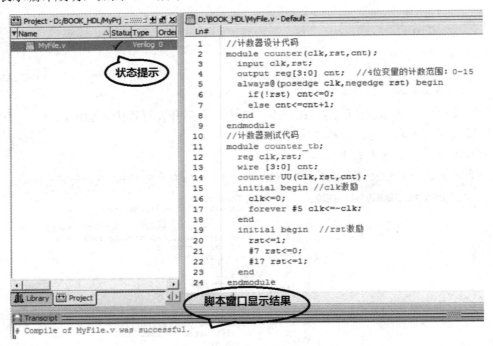

图 1-24　编译结果

如果编译出错,则可以双击错误弹出错误的提示信息,然后根据提示进行排错。排错后再次编译,如果编译还出错,就继续排错,直到编译成功为止。

4. 仿真

(1) 选择"Library"标签,出现如图 1-25 所示的界面。

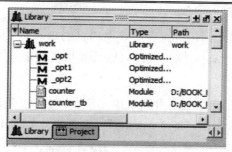

图 1-25　Library 标签界面

(2) 展开"work"库，并选中其中的"counter_tb"，即顶层测试模块，也是所要仿真的对象。选中后单击右键，选择"Simulation without optimization"后，弹出如图 1-26 所示的界面，在该界面中可以看到 sim 标签页和 Wave 标签页，表明仿真设置成功。

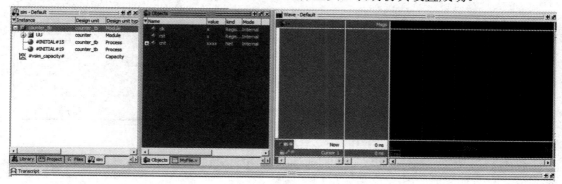

图 1-26　仿真界面

(3) 为了观察波形窗口，需要为该窗口添加需要观察的对象，首先，在主窗口勾选"View→debug Windows→Objects"，打开信号列表窗口如图 1-27 所示，在该窗口中点击"Add→To Wave→Signals in Region"，在波形窗口中就可以看到 clk、rst 和 cnt 信号。

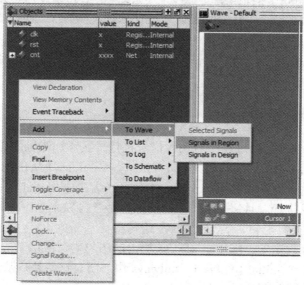

图 1-27　添加 clk、rst 和 cnt 变量于波形图的界面

（4）在主窗口中输入"run 1 μs"后回车，表示运行仿真 1 μs，仿真时 CPU 的利用率一直为 100%，如果仿真较慢，则还可以观察状态栏里的当前仿真时间。

（5）仿真完成后，点击 Wave 标签页，可以看到仿真波形。

5. 功能仿真结果分析

首先，给 Wave 窗口增加一个 cnt，并将其中一个 cnt 设置成无符号十进制，即"unsigned"，另一个 cnt 设置成模拟信号输出，即"Analog"，设置界面如图 1-28 所示。

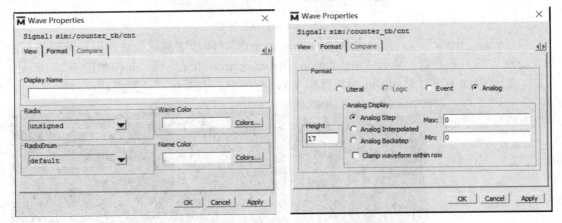

图 1-28　设置成模拟信号显示

按图 1-28 所示，将"Radix"设置为"unsigned"，将"Format"设置为"Analog"。设置完成后，仿真波形如图 1-29 所示。

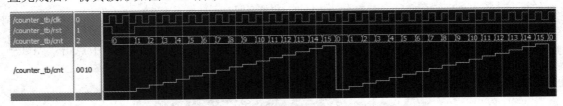

图 1-29　功能仿真结果

根据仿真结果可知，该设计实现了一个 0～15 的计数器。如果外加 DAC 器件将数字量变成模拟量，该设计则很容易产生一个锯齿波。

三、结构化过程语句 Initial

Initial 语句通常用于仿真过程中对输入信号执行一次添加激励的操作。

所有在 initial 语句内的语句构成了一个 initial 块。initial 块从仿真 0 时刻开始执行，在整个仿真过程中只执行一次。如果一个模块中包括了若干个 initial 块，则这些 initial 块从仿真 0 时刻开始并发执行，且每个 initial 块的执行是各自独立的。

initial 块的使用类似于 always 块（always 语句将在"任务 4.1"中进行详细描述），块内使用的语句必须是行为语句，应用于 always 块内的语句均可应用于 initial 块。在一个模块内，可同时包括若干个 initial 块和若干个 always 块，所有这些块均从仿真 0 时刻开始并发执行，且每个块的执行是各自独立的。

　　如果在 initial 块内包含了多条行为语句,则需要将这些语句组成一组,使用关键字 begin 和 end(或者 fork 和 join)将它们组合为一个块语句;如果块内只有一条语句,则无须使用关键字 begin 和 end(或者 fork 和 join)。这一点类似于 C 语言中的复合语句{}。

　　initial 语句的格式如下:

```
initial  begin
        语句 1;
        语句 2;
        ...
        语句 n;
    end
```

　　由于 initial 块语句在整个仿真期间只能执行一次,因此,它一般用于初始化、信号监视、生成仿真波形等。下面举例说明 initial 语句的使用。

　　【例 1-6】　initial 块语句举例。

```
`timescale 1ns/1ns
module initial_tb;
    parameter size=4;
    reg[3:0] y;
    reg x;
    reg[7:0] index;
    reg[7:0] memory[0:size-1];
    //为 memory 数组赋值
    initial    begin
        for(index=0;index<size;index=index+1)
                #5 memory[index]=index;        //初始化一个 memory
        end
    //为 y 赋值
    initial   begin
        y=10;    //初始化寄存器
    end
    //为 x 赋值
    initial begin:block   //定义块内局部变量, 需要给块命名
            integer t;
            t=5;
            #(10+t) x=1'b0;
            #(t) x=1'b1;
            #(t) x=1'b0;
        end
    endmodule
```

程序说明：

(1) 程序中各变量的波形图如图 1-30 所示。

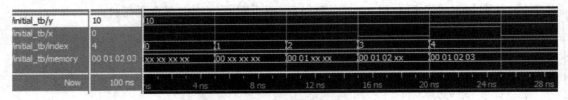

图 1-30　例 1-6 中各变量的波形图

从图 1-30 中的仿真波形可以看出，多个 initial 块都是从仿真 0 时刻开始并发执行的。

(2) 程序中，一个 initial 语句仅对应着一个变量的赋值，使程序简洁易懂。

(3) 块内的语句按顺序执行，即只有上面一条语句执行完后，下面的语句才能执行。

(4) 每条语句的延时时间是相对于前一条语句的仿真时间而言的。

(5) 直到最后一条语句执行完，程序流程控制才跳出该 initial 语句块。

(6) 在仿真过程中，如果某条语句前面存在延时，那么对这条语句的仿真将会停顿下来，经过指定的延时时间之后再继续执行(可结合代码和波形图进行理解)。

(7) 在程序的 for 语句中加入延时，是为了看清楚初始化过程。

(8) 在 Verilog HDL 中，可以给每个顺序块和并行块取一个名字，只需将名字加在关键词 begin 或 fork 后面即可。这样做的原因有以下几点：

① 可以在块内定义局部变量，即只在块内使用的变量，本例为变量 t。

② 可以允许块被其他语句调用，如被 disable 语句调用。

③ 在 Verilog 语言里，所有的变量都是静态的，即所有的变量都只有一个唯一的存储地址，因此，进入或跳出块并不影响存储在变量内的值。

基于以上原因，块名就提供了一个可在任何仿真时刻确认变量值的方法。

(9) 本例中，可使用 fork…join 替换 begin…end，读者可以学习体会两者的区别。fork…join 语句块中，所有语句均是并行的，每条语句的执行时刻仅与该语句前面的延时相关，与其他语句的延时无关。

(10) 从本例可以看出，initial 语句的用途之一，是初始化各变量；initial 语句的另一用途，是用 initial 语句来生成激励波形作为电路的测试仿真信号，如图 1-30 中的 x 即可用作电路的激励信号。initial 块常用于测试文件的编写，用来产生仿真测试信号和设置信号记录等仿真环境。

四、延时仿真

设计电路时，描述的电路都是无延时的。而在实际的电路中，任何一个逻辑门都具有延时，Verilog 允许用户通过延时语句来说明逻辑电路中的延时。通常，在测试激励块中都需要使用延时，下面将对延时作进一步说明。

信号在电路中传输会有传播延时，如线延时、器件延时等。所谓延时就是对延时特性的 HDL 描述，举例如下：

```
assign # 2 B = A;
```

表示 B 信号在 2 个时间单位后得到 A 信号的值，如图 1-31 所示。

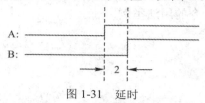

图 1-31　延时

在 Verilog HDL 中，所有延时都必须根据时间单位进行定义，定义的方法是在 module 前添加如下语句：

`timescale 1ns /100ps

其中，`timescale 是 Verilog HDL 提供的编译预处理命令，1 ns 表示时间单位是 1 ns，100 ps 表示时间精度是 100 ps。根据该命令，编译工具才可以认知 #2 为 2 ns。

在 Verilog HDL 的 IEEE 标准中，没有规定时间单位的缺省值，由各仿真工具确定。因此，在编写代码时必须确定时间单位。

在 Verilog 中，时序控制起着非常重要的作用，它使得设计者可以指定赋值发生的时刻，进而控制仿真时间的推进过程。基于延时的时序控制出现在表达式中，它指定了语句开始执行到执行完成之间的时间间隔。延时值可以是数字、标识符或表达式，但需要在延时值加上关键字 #。

`timescale 命令用来说明跟在该命令后的模块的时间单位和时间精度。使用`timescale 命令可以在同一个设计里包含采用了不同的时间单位的模块。例如，一个设计中包含了两个模块，其中一个模块的时间延时单位为 ns，另一个模块的时间延时单位为 ps，EDA 工具仍然可以对这个设计进行仿真测试。

`timescale 命令的格式如下：

`timescale<时间单位>/<时间精度>

在这条命令中，时间单位参量用来定义模块中仿真时间和延时时间的基准单位。时间精度参量用来声明该模块的仿真时间的精确程度，该参量被用来对延时时间值进行取整操作(仿真前)，因此，该参量又被称为取整精度。如果在同一个程序设计里，存在多个`timescale 命令，则用最小的时间精度值来决定仿真的时间单位。另外，时间精度要和时间单位一样精确，时间精度值不能大于时间单位值。

在 `timescale 命令中，用于说明时间单位和时间精度参量值的数字必须是整数，其有效数字为 1、10、100，单位为秒(s)、毫秒(ms)、微秒(μs)、纳秒(ns)、皮秒(ps)等。这几种单位的意义见表 1-1 的说明。

表 1-1　时间单位及其定义

时间单位	定　义
s	秒(1 s)
ms	千分之一秒(10^{-3} s)
μs	百万分之一秒(10^{-6} s)
ns	十亿分之一秒(10^{-9} s)
ps	万亿分之一秒(10^{-12} s)

下面举例说明`timescale 命令的用法。

【例 1-7】　`timescale 命令的用法举例。

```
`timescale 10ns/1ns
module   timescale_tb;
  reg   set;
  parameter   d=1.37;
  initial begin
    $monitor($realtime,"\t set=",set);
    #d set=0;
    #d set=1;
  end
endmodule
```

```
VSIM 14> run
#  0        set=x
#  1.4      set=0
#  2.8      set=1
```

图 1-32　运行结果

程序运行结果如图 1-32 所示。

程序说明：

(1) `timescale 命令定义了模块 test 的时间单位为 10 ns、时间精度为 1 ns。在这个命令之后，模块中所有的时间值都是 10 ns 的倍数，并且可表达为带一位小数的实型数，这是因为 `timescale 命令定义的时间精度为时间单位的 1/10。

(2) 参数 d = 1.37，根据时间精度，d 的值应为 1.4(四舍五入)，再根据时间单位，d 所代表的时间为 14 ns(即 1.4 × 10 ns)。

(3) #d set = 0;中，d 为延时值，#d 表示延时 d 秒，整个句子表达的意思是延时 d 秒后再将 set 赋值为 0。延时值可以是数字、标识符或表达式，表示延时时需要在延时值前加上关键字 #。

(4) 本例的仿真过程为：在仿真时刻为 14 ns 时，寄存器 set 被赋值 0；在仿真时刻为 28 ns 时，寄存器 set 被赋值 1。

五、仿真常用系统函数和任务

Verilog HDL 语言中有以下系统函数和任务：$bitstoreal、$rtoi、$display、$setup、$finish、$skew、$hold、$setuphold、$itor、$strobe、$period、$time、$printtimescale、$timefoemat、$realtime、$width、$real tobits、$write、$recovery 等。Verilog HDL 语言中的每个系统函数和任务前面都应用一个标识符 $ 来加以确认。这些系统函数和任务提供了非常强大的功能，有兴趣的读者可以参阅相关书籍。

下面仅对一些常用的系统函数和任务进行介绍。

1. 系统任务$display、$write 和$strobe

格式：

```
$display(p1, p2, … , pn);
$write(p1, p2, … , pn);
$strobe (p1, p2, … , pn);
```

这三个函数和系统任务的作用是用来输出信息，即将参数 p2～pn 按参数 p1 给定的格式输出。参数 p1 通常称为"格式控制"，参数 p2～pn 通常称为"输出表列"。这三个任务的作用基本相同。$display 在输出后自动地进行换行，$write 则不是这样，如果想在一行里输出多个信息，可以使用$write；$strobe 是在同一仿真时刻的其他语句执行完成之后才执行。在$display、$write 和$strobe 中，其输出格式控制是用双引号括起来的字符串，它包括两种信息：格式说明和普通字符。

(1) 格式说明由"%"和格式字符组成，它的作用是将输出的数据转换成指定的格式输出。格式说明总是由"%"字符开始的，对于不同类型的数据用不同的格式输出。表 1-2 中给出了常用的几种输出格式。

表 1-2　常用的输出格式

输出格式	说　　明
%h 或%H	以十六进制数的形式输出
%d 或%D	以十进制数的形式输出
%o 或%O	以八进制数的形式输出
%b 或%B	以二进制数的形式输出
%c 或%C	以 ASCII 码字符的形式输出
%v 或%V	输出网络型数据信号强度
%m 或%M	输出等级层次的模块名称
%s 或%S	以字符串的形式输出
%t 或%T	以当前的时间格式输出
%e 或%E	以指数的形式输出实型数
%f 或%F	以十进制数的形式输出实型数
%g 或%G	以指数或十进制数的形式输出实型数，无论何种格式都以较短的结果输出

(2) 普通字符即需要原样输出的字符。其中一些特殊的字符可以通过表 1-3 中的转换序列来输出。表 1-3 中的字符形式用于格式字符串参数中，用来显示特殊的字符。

表 1-3　转 义 字 符

换码序列	功　　能
\n	换行
\t	横向跳格(即跳到下一个输出区)
\\	反斜杠字符\
\"	双引号字符"
\o	1 到 3 位八进制数代表的字符
%%	百分符号%

在 $display 和 $write 的参数列表中，其"输出表列"是需要输出的一些数据，可以是

表达式。下面举几个示例进行说明。

【例 1-8】　$display 应用举例。

```
module    disp_tb;
reg[6:0] a;
reg[11:0] b;
initial
begin
    //显示整数的不同表现形式
    a=49;
    $display("a=7'h%h,\t 7'd%d,\t 7'o%o, \t7'b%b\n", a, a, a, a);
    $display("ascii character:a='%c'", a);
    //显示不定值、高阻值
    b=12'b001_xxx_xx0_zzz;
    $display("val=12'h%h, 12'd%d, 12'o%o, 12'b%b", b, b, b, b);
    $display("\\\t%%\n\"\101"); //转义字符
    #5    $display("current scope is %m");
    $display("simulation time is %t", $realtime);
end
endmodule
```

其输出结果如图 1-33 所示。

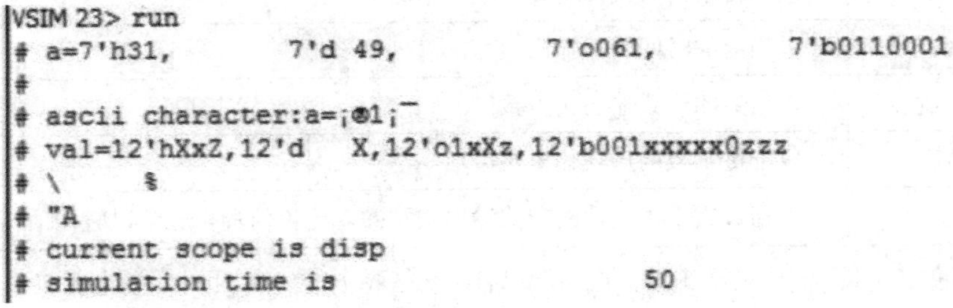

```
VSIM 23> run
# a=7'h31,         7'd 49,            7'o061,         7'b0110001
#
# ascii character:a=¡@1¡‾
# val=12'hXxZ,12'd   X,12'o1xXz,12'b001xxxxx0zzz
# \     %
# "A
# current scope is disp
# simulation time is                 50
```

图 1-33　输出结果

程序说明：

(1) 使用 $display 时，输出列表中数据的显示宽度是自动按照输出格式进行调整的。因此，在显示输出数据并经过格式转换以后，总是用表达式的最大可能值所占的位数来显示表达式的当前值。在用十进制数格式输出时，输出结果前面的 0 值用空格来代替。对于其他进制，输出结果前面的 0 仍然显示出来。对于一个位宽为 7 位的值，如按照十六进制数输出，则输出结果占 2 个字符的位置，如按照十进制数输出，则输出结果占 3 个字符的位置。这是因为这个表达式的最大可能值为 7F(十六进制)或 127(十进制)。因此，可以通过在%和表示进制的字符中间插入一个 0，自动调整显示输出数据宽度的方式，使输出时总是用最少的位数来显示表达式的当前值。例如：

```
$display("hex:%0h,decimal:%0d", a, a);
```

（2）如果输出列表中表达式的值包含有不确定的值或高阻值时，其结果输出应遵循一定的规则。下面分别针对十进制、八进制/十六进制、二进制进行说明。

① 在输出格式为十进制的情况下：

如果表达式值的所有位均为不定值，则输出结果为小写的 x。

如果表达式值的所有位均为高阻值，则输出结果为小写的 z。

如果表达式值的部分位为不定值，则输出结果为大写的 X。

如果表达式值的部分位为高阻值，则输出结果为大写的 Z。

② 在输出格式为十六进制和八进制的情况下：

每 4 位二进制数为一组，代表一位十六进制数；每 3 位二进制数为一组，代表一位八进制数。

如果表达式值相对应的一位八进制(十六进制)数的所有位均为不定值，则该位八进制(十六进制)数的输出结果为小写的 x。

如果表达式值相对应的一位八进制(十六进制)数的所有位均为高阻值，则该位八进制(十六进制)数的输出结果为小写的 z。

如果表达式值相对应的一位八进制(十六进制)数的部分位为不定值，则该位八进制(十六进制)数输出结果为大写的 X。

如果表达式值相对应的一位八进制(十六进制)数的部分位为高阻值，则该位八进制(十六进制)数输出结果为大写的 Z。

③ 对于二进制输出格式，表达式值的每一位的输出结果为 0、1、x、z。

选通显示($strobe)与 $display 作用大同小异。如果许多其他语句与 $display 任务在同一时刻执行，那么，这些语句与 $display 任务的执行顺序是不确定的。如果使用 $strobe，该语句总是在同一时刻的其他语句执行完成之后才执行。因此，它可以确保所有在同一时刻赋值的其他语句执行完成后，才显示数据。

【例 1-9】　$strobe 应用举例。

```
module strob;
reg    val;
initial
  begin
        $strobe    ("\$strobe : val = %b", val);
        val = 0;
        val <= 1;
        $display ("\$display: val = %b", val);
    end
endmodule
```

输出结果如下：

```
# $display: val = 0
# $strobe : val = 1
```

程序说明：

(1) 由于 val <= 1; 是非阻塞赋值，要在此仿真时刻最后才完成赋值，因此，非阻塞语句的赋值在所有的$display 命令执行以后才更新数值；由于$display 在 val = 0; 语句之后，所以显示的 val 值，为此刻的值 0。

(2) $strobe 语句总是在同一时刻的其他语句执行完成之后才执行，它显示 val 非阻塞赋值完成后的值 1。因此，建议读者用$strobe 系统任务来显示用非阻塞赋值的变量的值。

2. 系统任务 $monitor

格式：

     $monitor(p1, p2, …, pn);

     $monitor;

     $monitoron;

     $monitoroff;

任务 $monitor 提供了监控和输出参数列表中的表达式或变量值的功能，其参数列表中输出控制格式字符串和输出表列的规则和 $display 的一样。当启动一个带有一个或多个参数的$monitor 任务时，仿真器则建立一个处理机制，使得每当参数列表中的变量或表达式的值发生变化时，整个参数列表中的变量或表达式的值都将输出显示。如果同一时刻，有多于一个的参数值发生变化，在该时刻也只输出显示一次。

$monitoron 和 $monitoroff 任务是通过打开和关闭监控标志来控制监控任务 $monitor 的启动和停止。其中，$monitoroff 任务用于关闭监控标志，停止监控任务 $monitor; $monitoron 用于打开监控标志，启动监控任务 $monitor。通常在调用 $monitoron 启动 $monitor 时，不管 $monitor 参数列表中的值是否发生变化，总是立刻输出显示当前时刻参数列表中的值，这些值可用于在监控的初始时刻设定初始比较值。在缺省情况下，控制标志在仿真的起始时刻就已经打开了。在多模块调试的情况下，许多模块中都调用了 $monitor，因为任何时刻只能有一个 $monitor 起作用，因此，需配合 $monitoron 与 $monitoroff 使用，把需要监视的模块用 $monitoron 打开，在监视完毕后及时用 $monitoroff 关闭，以便把 $monitor 让给其他模块使用。$monitor 与 $display 的不同处还在于 $monitor 往往在 initial 块中被调用，只要不调用 $monitoroff，$monitor 便可不间断地对所设定的信号进行监视。

3. 时间度量系统函数$time

在 Verilog HDL 中有两种类型的时间系统函数：$time 和 $realtime。用这两个时间系统函数可以得到当前的仿真时刻。

系统函数 $time 可以返回一个用 64 比特整数表示的当前仿真时刻值，该时刻以模块的仿真时间尺度为基准。$realtime 和 $time 的作用一样，只是 $realtime 返回的时间数字是一个实型数，该数字也是以仿真时间尺度为基准的。

下面举例说明。

【例 1-10】 $monitor 和$time 应用举例。

```
`timescale   10ns/1ns
module   monit;
reg   data;
```

```
        parameter    p=1.4;
        initial
        begin
            $monitor($time, "data=", data);
    //      $monitor($realtime, "data=", data);
            #p data=0;
            #p data=1;
            #p data=0;
            #p data=1;
        end
        endmodule
```

输出结果如下：

```
    #                   0data=x
    #                   1data=0
    #                   3data=1
    #                   4data=0
    #                   6data=1
```

程序说明：

(1) 在这个例子中，模块 monit 设置为在时刻为 14 ns 时设置寄存器 data 为 0，在时刻为 28 ns 时设置寄存器 data 为 1，在 42 ns 时设置寄存器 data 为 0，在 56 ns 时设置寄存器 data 为 1。但是，由 $time 记录的 data 变化时刻却和预想的不一样。

(2) $time 显示时刻受时间尺度比例的影响。在本例中，时间单位是 10 ns，因为 $time 输出的时刻是时间单位的倍数，即 14 ns、28 ns、42 ns 和 56 ns 输出为 1.4、2.8、4.2 和 5.6。又因为 $time 是输出整数，所以在将经过尺度比例变换的数字输出时，需要先进行取整。在本例中，1.4、2.8、4.2 和 5.6 经取整后为 1、3、4 和 6。注意：时间精度并不影响数字的取整。

(3) 若将例子中 $monitor($time, "data=", data); 改为$monitor($realtime, "data=", data);，则输出结果如下：

```
    # 0data=x
    # 1.4data=0
    # 2.8data=1
    # 4.2data=0
    # 5.6data=1
```

从输出结果可以看出，$realtime 将仿真时刻经过尺度变换以后输出，不需进行取整操作。所以，$realtime 返回的时刻是实型数。

(4) 可以使用$monitor($time, "%0t data=%0d", $time , data); 来去掉输出中的空格，也可以在格式符中使用具体的数值来规定输出占据的位宽。若读者想了解更多格式符的使用方法，可自行查阅相关资料。

4. 系统任务$finish 和$stop

1) $finish

格式：

$finish;

$finish(n);

系统任务$finish 的作用是退出仿真器，返回主操作系统，也就是结束仿真过程。任务$finish 可以带参数，根据参数的值输出不同的特征信息。如果不带参数，则默认$finish 的参数值为 1。下面给出了对于不同的参数值，系统输出的特征信息：

0 表示不输出任何信息；

1 表示输出当前仿真时刻和位置；

2 表示输出当前仿真时刻、位置和在仿真过程中所用 memory 及 CPU 时间的统计。

2) $stop

格式：

$stop;

$stop(n);

$stop 任务的作用是把 EDA 仿真器设置成暂停模式，在仿真环境下给出一个交互式的命令提示符，将控制权交给用户。这个任务可以带有参数表达式，根据参数值(0，1 或 2)的不同，输出不同的信息，参数值越大，输出的信息越多。

5. 系统任务$readmemb 和$readmemh

在 Verilog HDL 程序中有两个系统任务$readmemb 和$readmemh，用来从文件中读取数据到存储器中。这两个系统任务可以在仿真的任何时刻执行使用，其共有以下六种使用格式：

(1) $readmemb("<数据文件名>",<存储器名>);

(2) $readmemb("<数据文件名>",<存储器名>,<起始地址>);

(3) $readmemb("<数据文件名>",<存储器名>,<起始地址>,<结束地址>);

(4) $readmemh("<数据文件名>",<存储器名>);

(5) $readmemh("<数据文件名>",<存储器名>,<起始地址>);

(6) $readmemh("<数据文件名>",<存储器名>,<起始地址>,<结束地址>);

规则如下：

(1) 第一个变量是一个 ASCII 文件的名字，这个文件可以只包含空白位置(空格、换行、制表格 tab 和 form-feeds)、Verilog 注释(//形式的和/*…*/形式的都允许)、hex 地址值以及二进制或十六进制数字。数字中不能包含位宽说明和格式说明，对于$readmemb 系统任务，每个数字必须是二进制数字；对于$readmemh 系统任务，每个数字必须是十六进制数字。数据值必须和存储器数组的宽度相同，而且用空白分隔。

(2) 第二个变量是存储器数组的名字。

(3) 当数据文件被读取时，每一个被读取的数字都被存放到地址连续的存储器单元中。存储器单元的存放地址范围由系统任务声明语句中的起始地址和结束地址来说明，每个数据的存放地址在数据文件中进行说明。

(4) 地址值是带前缀@的十六进制且允许大写和小写的数字。在字符"@"和数字之间不允许存在空白位置。可以在数据文件里出现多个地址。当系统任务遇到一个地址说明时，系统任务将该地址后的数据存放到存储器中相应的地址单元中。

下面举例说明系统任务\$readmemb 和\$readmemh 的应用。

【例 1-11】　系统任务\$readmemb 和\$readmemh 应用举例。

```
`timescale   10ns/1ns
module readmem_tb;
   reg[3:0] dat;
   parameter NumMem = 9;
   reg [3:0] Mem[0:NumMem-1];
   integer cnt;
   //读文件数据到数组 Mem 中
   initial   begin
        $readmemh("Mem.txt",Mem,0,NumMem-1);
   end
   //将数组中的数据打印出来
   initial   begin
        cnt = 0;
        repeat (NumMem) begin
             dat = Mem[cnt];
             #1 cnt = cnt + 1;
        end
   end
   initial
        $monitor("%0t:dat=%h",$time,dat);
endmodule
```

程序使用的文件"Mem.txt"如图 1-34 所示。

程序运行结果如图 1-35 所示。

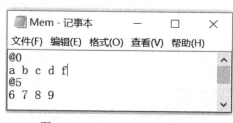

图 1-34　"Mem.txt"文件格式

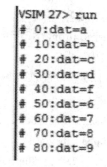

图 1-35　例 1-11 的运行结果

关于系统任务 $readmemb 和 $readmemh 的进一步说明：

(1) 如果系统任务声明语句和数据文件中都没有进行地址说明，则缺省的存放起始地址为该存储器定义语句中的起始地址。数据文件里的数据被连续存放在该存储器中，直到该存储器单元存满或数据文件里的数据存完为止。

(2) 如果系统任务中说明了存放的起始地址，没有说明存放的结束地址，则数据从起始地址开始存放，存放到该存储器定义语句中的结束地址为止。

(3) 如果在系统任务声明语句中，起始地址和结束地址都进行了说明，则数据文件里的数据按该起始地址开始存放到存储器单元中，直到该结束地址，而不考虑该存储器的定义语句中的起始地址和结束地址。

(4) 如果地址信息在系统任务和数据文件里都进行了说明，那么数据文件里的地址必须在系统任务中地址参数声明的范围之内。否则将提示错误信息，并且装载数据到存储器中的操作被中断。

(5) 如果数据文件里的数据个数和系统任务中起始地址及结束地址暗示的数据个数不相同，会提示错误信息。

6. 系统任务 $fopen 和 $fclose

$fopen 是打开一个文件进行写操作的系统函数，用 $fdisplay、$fmonitor 等系统任务将文本写入到文件。$fclose 是关闭一个文件的系统任务。

格式：

```
$fopen("FileName");        //返回一个整数
$fclose(<文件句柄>);
```

规则：

(1) 当调用 $fopen 函数时，它返回一个与文件关联的 32 位的文件句柄或者是 0(文件不能打开时)。若返回的是文件句柄，则该文件句柄只有 1 位被置成 1，并且按照文件被打开的顺序，依次将位 1，位 2，位 3，…，位 31 置位。

(2) 多通道描述符可以是一个文件句柄或者多个文件句柄按位的组合。多通道描述符为 32 位，可以认为是 32 个标志。每个标志表示一个独立的文件通道：位 0 和标准输出关联；位 1 和第一个打开的文件关联；位 2 和第二个打开的文件关联，以此类推。

(3) 一次可以同时打开 32 个文件，并且可以有选择地同时写多个文件。

(4) 当一个文件的输出系统任务(如 $fdisplay)被调用时，第一个变量是一个多通道描述符，它表示在哪里写文本，文本被写在多通道描述符的标志被置位的文件中。系统任务 $fdisplay、$fmonitor、$fwrite、$fstrobe 都用于写文件。

下面举例说明。

【例 1-12】 文件读写应用举例。

```
module file_tb;
    integer desc1, desc2, AllFiles;
    initial   begin
        desc1 = $fopen("messages.txt");
        if (!desc1) begin
```

```
                $display("Could not open \"messages.txt\"");
                    $finish;
            end
            desc2 = $fopen("result.txt");
            if (!desc2) begin
                    $display("Could not open \"result.txt\"");
                    $finish;
            end
            AllFiles = desc1 | desc2 | 1;    // 此处 AllFiles 代表了 3 个文件
            $fdisplay(AllFiles, "Starting simulation ...");
            $fdisplay(desc1, "Messages from %m");
            $fdisplay(desc1, "display1");
            $fdisplay(desc2, "result from %m");
            $fdisplay(desc2, "display2");
            AllFiles = desc1 | desc2;            //此处 AllFiles 代表了 2 个文件
            $fdisplay(AllFiles, "Important information ...");
            $fclose(desc1);
            $fclose(desc2);
        end
    endmodule
```

程序说明：

(1) 程序运行后，在 ModelSim 命令窗口出现"# Starting simulation ..."信息，在文件"messages"和"result"中写入如图 1-36 所示的信息。

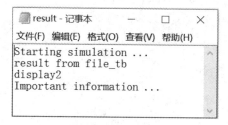

图 1-36   例 1-12 中 message 文件和 result 文件的写入

(2) 本例中，desc1 的值为 32'h0000_0002(位 1 被置成 1)，desc2 的值为 32'h0000_0004(位 2 被置成 1)。AllFiles = desc1 | desc2 | 1；执行后，AllFiles 的值为 32'h0000_0007(最低 3 位均被置成 1)，也就是说 AllFiles 包含了 3 个文件；AllFiles = desc1 | desc2；执行后，AllFiles 的值为 32'h0000_0006(位 2 和位 3 被置成 1)，也就是说 AllFiles 包含了 2 个文件。

(3) 多通道描述符的优点在于可以有选择地同时写多个文件。多通道描述符可以是一个文件句柄或者多个文件句柄按位的组合，Verilog 会把输出写到与多通道描述符中值为 1 的位相关联的所有文件中。例如，"# Starting simulation ..."信息被同时写入了 3 个文件(包括标准输出)，"Important information ..."信息被同时写入了 2 个文件。

7. 系统任务综合应用举例

下面再通过一个例子来说明系统函数的使用。该例子是使用 ModelSim 读出正弦波数据文件中的数据，并生成正弦波。

在实际的应用中，可能需要较大的数据量，使用传统的方法在测试文件中指定输入数据不太现实。通常，用其他软件(如 C、MATLAB 等软件)生成所需的数据，并保存在 *.dat 文件中，然后在 ModelSim 中调用该文本文件，将文本中的数据读出使用。

同样的，输出数据量也较大时，用传统的方法去看输出波形也是不可靠的，因此需要把结果也输出到文本中，与行为模型所产生的标准输出向量作对比，这样就可以比较简单且准确地指示结果是否正确。

首先，使用 C 语言创建"sin.dat"文件，一共 100 个正弦波数据，涵盖了一个完整的周期，均以十六进制格式存放，其内容如图 1-37 所示。

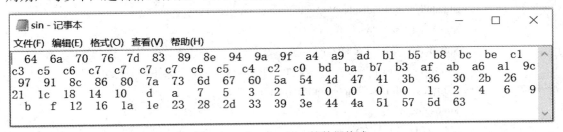

图 1-37   sin_wave.dat 的数据格式

【例 1-13】   生成正弦波数据的 C 语言程序所示。

```c
#include "stdio.h"
#include "math.h"
#include "stdlib.h"
int main(void)
{
    int data[101]={0};
    int i=0;
    FILE *fp;
    for(i=0;i<100;i++)
    {
        data[i]=(int)100*(sin(2*3.1415926*i/99)+1);
        printf("data[%d]=%x\n", i, data[i]);
    }
    data[100]=250;
    if((fp=fopen("sin.dat", "w"))==NULL)
    {
        printf("cannot open the file!\n");
        printf("请输入文件以#结束: \n");
    }
```

```
        for(i=0; i<101; i++)
        {
            if(data[i]!=250)
                fprintf(fp, "%4x", data[i]);
        }
        fclose(fp);
        return 0;
    }
```

该程序将正弦波数据通过取正弦后加 1，然后再乘以 100，这样就使正弦波数据都位于 0～200 之间。

然后，通过例 1-14 来说明如何使用 ModelSim 读该文件数据并输出这些数据，形成正弦波。

【例 1-14】　使用 ModelSim 读写文件生成正弦波。

```
//读文件的正弦波数据生成正弦波
`timescale 1ns/100ps
module sin_tb;
    reg clk;
    reg[7:0] data;
    reg[7:0]   mem[0:99];                //使用文件进行初始化的数组
    integer vec_file,j;                  //定义文件句柄，控制变量
                                         //读取正弦波文件数据到数组
    initial    begin
        vec_file=$fopen("sin.dat", "r");    //打开文件
        $readmemh("sin.dat", mem);
        $fclose(vec_file);
    end
                         //监视设计块输出，变量初始化，设置仿真时间
    initial    begin
        j =1'b0;                //j 初值为 0
        $monitor($realtime, "sin_wave_data: %h", data);
        #3000 $finish;          //终止仿真
    end
                         //控制驱动设计块的时钟信号，时钟周期为 10 个时钟单位
    initial begin
      clk=1'b0;
        forever #5 clk=~clk;    //clk 周期为 10
    end
                         //将数组内容输出，并同时在命令窗口中显示
```

```
always @(posedge clk) begin
    data=mem[j];
    if(j==99) j=0;
    else j=j+1;
    $display($realtime,"\t mem[%0d]=%0h", j, mem[j]);
end
endmodule
```

程序说明：

(1) 仿真波形如图 1-38 所示。

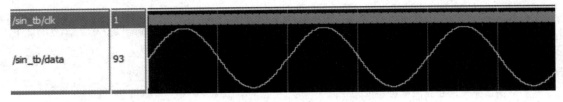

图 1-38　正弦波仿真波形

(2) 命令窗口显示结果。

由于命令窗口显示的仿真结果较长，所以仅摘抄一部分，供读者分析程序使用，如图 1-39 所示。

```
VSIM 16> run
# 0sin_wave_data: xx
# 5       mem[0]=64
# 5sin_wave_data: 64
# 15      mem[1]=6a
# 15sin_wave_data: 6a
# 25      mem[2]=70
# 25sin_wave_data: 70
# 35      mem[3]=76
# 35sin_wave_data: 76
# 45      mem[4]=7d
# 45sin_wave_data: 7d
# 55      mem[5]=83
# 55sin_wave_data: 83
# 65      mem[6]=89
# 65sin_wave_data: 89
# 75      mem[7]=8e
# 75sin_wave_data: 8e
# 85      mem[8]=94
# 85sin_wave_data: 94
# 95      mem[9]=9a
# 95sin_wave_data: 9a
```

图 1-39　功能仿真的部分结果(命令窗口)

(3) 本程序中使用了 $display、$monitor、$fopen、$fclose、$fdisplayh、$readmemh、$finish 等系统任务，关于这些任务的用法与含义，可结合本书前面章节的内容理解或自行查阅相关书籍学习。

(4) 实际开发中，可以将任意波形数据存放在文件中，然后通过读取文件的方式生成任意波形，也可以通过这种方式制作信号发生器。

本节对一些常用的系统函数和任务逐一进行了介绍，在此基础上，读者可以在 ModelSim 软件中编写功能强大的测试激励块，更好地使用 ModelSim 软件的功能。通过本节的学习，我们可以发现 ModelSim 不仅好用，而且易用。

项 目 小 结

本项目讨论了以下内容：

(1) Verilog HDL 标准：IEEE 1364-1995、IEEE 1364-2001 和 IEEE 1364-2005 等。

(2) 电路设计代码的编写，以及使用 Vivado 查看电路图的方法。

(3) 电路仿真代码的编写，以及使用 ModelSim 进行电路仿真的方法。

本项目涉及的知识点包括 module 结构及其相关知识点、assign 连续赋值语句、always 过程语句、testbench、模块例化、initial 过程语句、延时仿真、多变量处理、循环语句、系统函数、仿真软件 force 功能、查看 RTL 电路等。

习 题 1

1. 根据图 1-40 中的电路图，请在所给选项中选择恰当的选项填入程序中的适当位置。

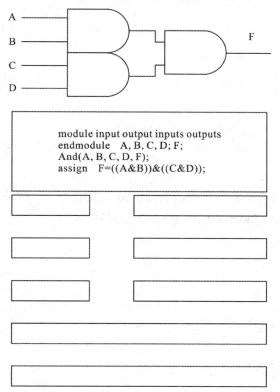

图 1-40 程序填空电路图

2. 请根据以下两条语句，从选项中找出正确答案。

(1) reg [7:0] A;

    A=2'hFF;

运行以上两句代码后，A 的值为(　　　)。

A. 8'b0000_0011　　　　　B. 8'h03　　　　　C. 8'b1111_1111　　　　　D. 8'b11111111

(2) reg [7:0] B;

    B=8 'bZ0;

运行以上两句代码后，B 的值为(　　　)。

A. 8'0000_00Z0　　　　　　　　　　　B. 8'bZZZZ_0000

C. 8'b0000_ZZZ0　　　　　　　　　　　D. 8'bZZZZ_ZZZ0

3. 在下面的代码中，每执行完一句，I、A、B 的值变为多少？试使用 ModelSim 软件观察中间结果。(提示：使用 view->local 且配合单步仿真功能来查看变量的单步运行结果。)

```verilog
module test;
reg [2:0] A;
reg [3:0] B;
integer I;
initial
  begin
    I=0;
    A=I;
    I=I-1;
    A=A-1;
    B=A;
    I=I+1;
    B=B+1;
  end
endmodule
```

4. 在下面每行代码后面的括号内填入 display 执行的结果。试使用 ModelSim 软件观察中间结果。(提示：使用 ModelSim 软件的单步仿真功能。)

```verilog
module test;
  integerI;
  reg[3:0]A;
  reg[7:0]B;
  initialbegin
    I=-1;A=I;B=A;
    $display("%b",B);(    )
    A=A/2;
    $display("%b",A);(    )
    B=A-30
    $diaplay("%d",B);(    )
```

```
        A=A-30;
        $display("%d",A);(  )
        I=A/2;
        $display("%d",I);( )
    end
  endmodule
```

5. 已知 mux2 模块是二选一多路选择器，当 sel 为 0 时，F = A；当 sel 为 1 时，F = B。下面的模块是针对 mux2 模块的测试模块，没有输入输出端口，请将 A、B、C、D 四个选项填入相应的括号中以使测试模块完整。

```
    `timescale 10ns /1ns
    module   test;
      (    )
      Initial begin
      (    )
      end
      initial
      (    )
    endmodule
```

A. SEL=0;　A=0;　　B=0;
　　#5　　A=1;
　　#5　　SEL=1;
　　#5　　B=1;
B. wire　F;
　　reg　SEL , A,　B;
C. $monitor ($time, SEL, A ,B ,F) ;
D. mux2　　ins1 (SEL , A , B , F);

项目 2　数据流建模

　　对于规模较小的电路，包含的门数比较少，使用门级建模进行设计既直观又方便。但是，对于功能比较复杂的电路，包含的逻辑门的个数较多，使用门级建模不仅烦琐而且容易出错。在这种情况下，如果从更高的抽象层次入手，将设计重点放在功能实现上，则不仅能避免烦琐的细节，还可以大大提高设计的效率。

　　本项目介绍更高抽象层次的建模方法为数据流建模。数据流建模主要涉及连续赋值语句和运算符。本项目使用数据流建模的电路有多路选择器、奇偶校验器、使用加法实现乘法的电路等。

任务 2.1　连续赋值语句

　　以关键词 assign 开始的语句为连续赋值语句。连续赋值语句是 Verilog 数据流建模的基本语句，用于对线网进行赋值。

　　assign 语句对应的电路通常都是组合逻辑电路。

　　下面介绍 3 个电路设计案例：多路选择器、奇偶校验器、加法器。

　　【例 2-1】　二选一多路选择器电路设计。

```
//设计代码
module mux21(a, b, s, y);
    input a,b,s;
    output y;
    assign y = s ? b : a;        //实现二选一功能
endmodule
```

　　【例 2-2】　二选一多路选择器电路仿真。

```
//测试代码
module mux21_tb();
    reg a, b, s;
    wire y;
    mux21DUT(a, b, s, y);
    //测试信号激励
    initial begin
        {a, b, s} = 3'b000;
```

```
        forever #5 {a, b, s} = {a, b, s}+1;
    end
endmodule
```

使用 Quartus II 软件可以对设计进行综合，综合出来的电路图如图 2-1 所示。

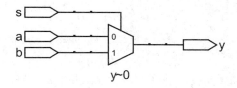

图 2-1　二选一多路选择器

由图 2-1 可以看出，该设计实现的是一个二选一选择电路。

奇/偶校验(Parity Check)是数据传送时采用的一种校正数据错误的方式，根据被传输的一组二进制代码的数位中"1"的个数是奇数或偶数来进行校验。

【例 2-3】　奇校验电路设计。

```
//设计代码
module parity(parity_out, d_in);
    output wire parity_out;
    input wire[7:0] d_in;
    assign parity_out = ^d_in;
endmodule
```

【例 2-4】　奇校验电路仿真。

```
//测试代码
module parity_tb;
    reg[7:0] d_in;
    wire parity_out;
    wire[2:0] one_num;
    parity UU(parity_out, d_in);
    assign one_num = d_in[0]+d_in[1]+d_in[2]+d_in[3]+d_in[4]+d_in[5]+d_in[6]+d_in[7];
    //d_in
    initial begin
        d_in = 0;
        forever #5 d_in = d_in + 1;
    end
    //监控输出 1 的个数以及校验位
    initial begin
        $monitor("%0t\t d_in=8'b%0b, one_num=%d, parity=%b", $time, d_in, one_num, parity_out);
    end
endmodule
```

仿真输出结果如图 2-2 所示。

```
VSIM 34> run
# 0        d_in=8'b0,one_num=0,parity=0
# 5        d_in=8'b1,one_num=1,parity=1
# 10       d_in=8'b10,one_num=1,parity=1
# 15       d_in=8'b11,one_num=2,parity=0
# 20       d_in=8'b100,one_num=1,parity=1
# 25       d_in=8'b101,one_num=2,parity=0
# 30       d_in=8'b110,one_num=2,parity=0
# 35       d_in=8'b111,one_num=3,parity=1
# 40       d_in=8'b1000,one_num=1,parity=1
```

图 2-2　仿真结果

在仿真结果中可直接观察输入数据以及其中 1 的个数，并跟输出的 1 的个数进行对比。

【例 2-5】　使用数据流建模实现一位半加器。

解题指引：半加器实现的是不带进位的两个数的相加，若半加器的输入为 ain 和 bin，输出为 sum 和 co。其中，sum 为和，co 为进位。半加器的真值表如表 2-1 所示。

Verilog 实现代码如下：

表 2-1　例 2-5 的真值表

ain	bin	sum	co
0	0	0	0
0	1	1	0
1	0	1	0
1	1	0	1

```verilog
module adder_half(ain,bin,sum,co);
    input ain,bin;
    output sum,co;
    assign {co,sum}= ain+bin;
endmodule
```

上面例 2-3、例 2-4 和例 2-5 都是数据流建模，且都使用了 assign 语句，该语句通常使用连续赋值语句对变量进行赋值，赋值语句通常会涉及大量的运算符。

上述电路设计和仿真涉及的知识点有：assign 连续赋值语句、运算符、系统函数、循环语句、延时等。

下面对这些知识点进行说明。

(1) assign 连续赋值语句。

assign 是 Verilog HDL 语言的关键字，是数据流建模的典型特征。

连续赋值语句的基本元素是表达式、运算符和操作数。连续赋值语句的功能是计算右侧表达式的值，然后赋给左边变量。表达式由运算符和操作数构成，根据运算符界定的功能对操作数进行运算后，得出结果。数据流的强大建模能力体现在多种运算符类型上。

连续赋值语句总是处于激活状态，只要任意一个操作数发生变化，表达式就会立即被重新计算，并且将结果赋给等号左边的线网型变量。

assign {co,sum}= ain+bin; 是一条连续赋值语句，它将 ain 和 bin 的和存放在 {co,sum} 中。该语句中，"{ }" 为位拼接符，其完成的功能是将 co 和 sum 拼接成一个两位数。

连续赋值语句的左边必须是一个标量或向量线网，或者是标量或向量线网的拼接，而不能是任何形式的寄存器。例如，下面的形式是非法的：

```verilog
reg sum;
assign {co, sum}= ain+bin;   //非法，sum 不能为寄存器类型
```

操作数可以是线网型标量或向量，也可以是寄存器型标量或向量。

(2) 运算符。

语句 assign y = s ? b : a;使用了条件运算符，其功能是：当 s = 1 时，y = b；当 s = 0 时，y = a。

语句{a,b,s} = {a,b,s}+1;使用了算术运算符、拼接运算符，{a, b, s}的功能是将三个 1 位数 a、b、s 拼接成一个三位数；使用的算术运算符是"+"。

assign {co, sum}= ain+bin; 使用了算术运算符、拼接运算符。

(3) 系统函数。

monitor 和 time 都是 Verilog HDL 语言的系统函数，monitor 监控变量值，当要显示的变量值发生变化时就会显示；time 用于显示当前仿真时刻。

(4) 循环语句和仿真延时。

forever 是 Verilog HDL 语言的关键字，用来一直产生信号。forever #5 d_in = d_in + 1; 语句的含义是每 5 个时间单位，变量值加 1。

任务2.2　运算符类型

Verilog HDL 语言提供了许多类型的运算符，分别是算术、关系、逻辑、按位、缩减、条件、移位和位拼接运算符。表 2-2 按运算符类型列出了常用的运算符。

表 2-2　Verilog HDL 运算符

运算符类型	运算符	执行的操作	操作数的个数	运算符类型	运算符	执行的操作	操作数的个数
算术	**	乘方	2				
	*	乘	2	关系	>	大于	2
	/	除	2		<	小于	2
	%	模	2		>=	大于等于	2
	+	加	2		<=	小于等于	2
	-	减	2		==	等于	2
逻辑	!	逻辑反	1		!=	不等于	2
	&&	逻辑与	2	缩减	&	缩减与	1
	||	逻辑或	2		~&	缩减与非	1
按位	~	按位求反	1		|	缩减或	1
	&	按位与	2	缩减	~|	缩减或非	1
	|	按位或	2		^	缩减异或	1
	^	按位异或	2		~^	缩减同或	1
	~^	按位同或	2	位拼接	{}	拼接	任意
移位	<<	左移	2		{{}}	复制	任意
	>>	右移	2	条件	?:	条件	3

由表 2-2 可知，Verilog HDL 语言中的运算符所带的操作数是不同的。只带 1 个操作数的运算符称为单目运算符，此时操作数需放在运算符的右边；带 2 个操作数的运算符称为双目运算符，操作数需放在运算符的两边；带 3 个操作的运算符称为三目运算符，这 3 个操作数用三目运算符分隔开，如表 2.2 中的条件运算符就是三目运算符。

表达式中的操作数可以是以下类型中的一种。

(1) 常数。

(2) 参数。

(3) 线网。

(4) 寄存器。

(5) 位选择。

(6) 部分选择。

(7) 存储器单元。

(8) 函数调用。

下面对表 2-2 中的运算符分别进行介绍。

一、算术运算符

算术运算符包括加(+)、减(−)、乘(×)、除(/)、取模(%)、乘方(**)。

依据运算的不同，算术运算符分别对应着加法器、减法器、乘法器、除法器、取余电路。电路设计中，加法器通常由基本的逻辑门实现，乘法器则由加法器来实现。

算术运算符的具体示例说明如表 2-3 所示。

表 2-3　算术运算符示例

表达式	电路示意图	电路说明
C = A+B	A B ——(+)—— C	加法运算逻辑通常是由与门、或门等搭建起来的电路。 例如，1 位的加法，本位和 $S = A \wedge B$，进位 $C = A \& B$
C = A*B	A B ——(*)—— C	乘法运算通常由加法运算实现。 例如，10001*111 = (10001) + (1000110) + (1000100)。 显然，乘法器通常比加法器消耗的资源多
C = A/B	A B ——(/)—— C	除法和求余涉及加法、减法和移位等运算，所以，除法和求余电路所需的资源都非常大，在设计时要尽力避免除法和求余

使用算术运算符时需注意以下几点：

(1) 加(+)、减(−)、乘(×)、除(/)、取模(%)、乘方(**)均为双目运算符，要求运算符两侧均有操作数。

(2) 在进行整数除法运算时，结果值要略去小数部分，只取整数部分。

(3) 乘方运算符要求幂是一个常量，不能为变量。

(4) 模运算符又称为求余运算符，要求%两侧均为整型数据。

(5) 进行取模运算时，结果值的符号位采用模运算式里第一个操作数的符号位。表 2-4 中列举了一些例子。

表 2-4　取模运算举例

取模运算表达式	结果	说　　明
7%3	1	余数为 1
8%3	2	余数为 2
-7%3	-1	结果取第一个操作数的符号位，余数为 -1
8%-3	2	结果取第一个操作数的符号位，余数为 2

二、关系运算符

关系运算符包括大于(>)、小于(<)、大于等于(>=)、小于等于(<=)、等于(==)、不等于(!==)。

关系运算符对应的实际电路是比较器。

关系运算符的具体示例说明如表 2-5 所示。

表 2-5　关系运算符示例

表达式	电路示意图	电路说明

if(A==B)
　C=1;
else
　C=0;
		比较的两个数为 N 位(N = 1, 2, …)，比较的结果为 1 位

if(A<=B)
　C=1;
else
　C=0;
		比较的两个数为 N 位(N = 1, 2, …)，比较的结果为 1 位

在进行关系运算时，如果声明的关系是假的(false)，则返回值是 0；如果声明的关系是真的(true)，则返回值是 1。

关系运算符中大于、小于、大于等于、小于等于有着相同的优先级别，等于、不等于有着相同的优先级别，前者的优先级别大于后者的优先级别。关系运算符的优先级别低于算术运算符的优先级别。例如：

```
a == size-1        //这种表达方式等同于 a ==(size-1)
size - (1 == a)    //这种表达方式不等同于 size - 1 == a
a < size-1         //这种表达方式等同于 a < (size-1)
size - (1 < a)     //这种表达方式不等同于 size - 1 < a
```

从上面的例子可以看出这两种不同运算符的优先级别。当表达式 size − (1 < a)进行运算时，关系表达式先运算，然后返回结果值 0 或 1 被 size 减去；而当表达式 size − 1 < a 进行运算时，size 先减去 1，然后再同 a 相比。

三、按位运算符

按位运算符包括取反(~)、按位与(&)、按位或(|)、按位异或(^)、按位同或(~^ 和 ^~)。

按位运算符对应的电路是基本的逻辑门，如&对应与门，| 对应或门，~ 对应非门，^
对应异或门。

按位运算符的具体示例说明如表 2-6 所示。

表 2-6　按位运算符示例

表达式	电路示意图	电 路 说 明
B = ~A	A ▷○ B	A 和 B 均为 N 位(N = 1, 2, …),B 的每一位是 A 的对应位取反，对应的电路是 N 个独立的反相器
C = A & B	A B C	A、B 和 C 均为 N 位(N = 1, 2, …)，C 的每一位是 A 和 B 的对应位相与，对应的电路是 N 个独立的与门
C = A | B	A B C	A、B 和 C 均为 N 位(N = 1, 2, …)，C 的每一位是 A 和 B 的对应位相或，对应的电路是 N 个独立的或门

位运算符中除了~是单目运算符以外，其余均为双目运算符。位运算符中的双目运算符
要求对两个操作数的相应位进行运算操作。表 2-7 所示为按位操作的逻辑规则。

表 2-7　按位操作的逻辑规则

按 位 操 作	逻 辑 规 则
按位与	0&0 = 0, 0&1 = 0, 1&0 = 0, 1&1 = 1
按位或	0|0 = 0, 0|1 = 1, 1|0 = 1, 1|1 = 1
按位取反	~0 = 1, ~1 = 0
按位异或	0^1 = 0, 0^1 = 1, 1^0 = 1, 1^1 = 0
按位同或	0~^0 = 1, 0~^1 = 0, 1~^0 = 0, 1~^1 = 1

对按位运算符的说明如下：

(1) 两个长度不同的数据进行位运算时，系统会自动地将两者按右端对齐。位数少的
操作数会在相应的高位用 0 填满，以使两个操作数按位进行操作。

(2) 按位运算符与逻辑运算符虽然符号相近，但两者完全不同。逻辑运算符执行逻辑
操作，运算的结果是一个逻辑值 0 或 1；而按位运算符则产生一个与较长位宽操作数等宽
的数值，该数值的每一位都是两个操作数按位运算的结果。

四、缩减运算符

缩减运算符包括缩减与(&)、缩减与非(~&)、缩减或(|)、缩减或非(~ |)、缩减异或(^)、
缩减同或(~^和^~)。

缩减运算符对应的电路是基本的逻辑门，如&对应与门，| 对应或门，~ 对应非门，^
对应异或门。

缩减运算符的具体示例说明如表 2-8 所示。

位运算符中除了 ~ 是单目运算符以外，其余均为双目运算符；而缩减运算符是单目运
算符，也有与、或、非运算。其与、或、非运算规则类似于位运算符的与、或、非运算规
则，但运算过程不同。位运算是对操作数的相应位进行与或非运算，操作数是几位数，则

运算结果也是几位数；而缩减运算则不同，缩减运算是对单个操作数进行与或非递推运算，最后的运算结果是一位的二进制数。缩减运算的具体运算过程为：第一步，将操作数的第一位与第二位进行与或非运算；第二步，将运算结果与第三位进行或与非运算；依次类推，直至最后一位。例如：

     reg [3:0] B;

     reg C;

     C = &B;　　　//C =((B[0]&B[1]) & B[2]) & B[3];

上述代码对应的电路是一个 4 输入的与门。

表 2-8　缩减运算符示例

表达式	电路示意图	电路说明
C = &A	A[0] A[1] A[2] ⟶ C	A 为 N 位(N = 1, 2, …)，C 为 1 位，对应的电路是一个 N 输入的与门。左侧示意电路中 N = 3
C = | A	A[0] A[1] A[2] ⟶ C	A 为 N 位(N = 1, 2, …)，C 为 1 位，对应的电路是一个 N 输入的或门。左侧示意电路中 N = 3

由于逻辑运算符、按位运算符、缩减运算符都使用相同的符号表示，因此容易混淆。区分这些运算符的重点在于分清操作数的数目和运算的规则。

五、逻辑运算符

逻辑运算符包括逻辑与(&&)、逻辑或(||)、逻辑非(!)。

逻辑运算符对应的实际电路是基本的逻辑门。如果操作数是一位的，则逻辑运算符直接对应着逻辑门，与按位逻辑运算符的功能相同；如果操作数是多位的，则对应的电路就稍微复杂一些。

逻辑运算符的具体示例说明如表 2-9 所示。

表 2-9　逻辑运算符示例

表达式	电路示意图	电路说明
C = A && B	A[0] A[1] A[2] B[0] B[1] B[2] ⟶ C	A 和 B 均为 N 位(N = 1, 2, …)，C 为 1 位，对应的电路是两个有 N 个输入的或门相与。左侧示意电路中 N = 3，首先要将每个操作数先按位或，然后将结果相与
C = A || B	A[0] A[1] A[2] B[0] B[1] B[2] ⟶ C	A 和 B 均为 N 位(N = 1,2,…)，C 为 1 位，对应的电路是两个有 N 个输入的或门相或。左侧示意电路中 N = 3，首先要将每个操作数先按位或，然后将结果相或
C = ! A	A[0] A[1] A[2] ⟶ C	A 为 N 位(N = 1,2,…)，C 为 1 位，对应的电路是 N 个输入的或门再取反。左侧示意电路中 N=3

"&&"和"||"是双目运算符，它们要求有两个操作数，如(a>b)&&(b>c)，(a<b)||(b<c)。"！"是单目运算符，只要求一个操作数，如!(a>b)。表 2-10 为逻辑运算的真值表，它表示当 a 和 b 的值为不同的组合时，各种逻辑运算所得到的值。

表 2-10　逻辑运算符的真值表

a	b	!a	!b	a&&b	a||b
真	真	假	假	真	真
真	假	假	真	假	真
假	真	真	假	假	真
假	假	真	真	假	假

逻辑运算符中"&&"和"||"的优先级别低于关系运算符，"！"高于算术运算符。例如：

```
(a>b)&&(x>y)        //可写成 a>b && x>y
(a= =b)| |(x= =y)   //可写成 a= =b | | x= =y
(!a)| |(a>b)        //可写成!a | | a>b
```

六、条件运算符

条件运算符(?:)带有三个操作数：条件表达式？、真表达式：、假表达式；。

条件运算符与 case 语句、if 语句对应的电路都是多路选择器。下面以 case 语句为例进行说明，如表 2-11 所示。

表 2-11　条件运算符示例

表 达 式	电路示意图	电 路 说 明
always@(*)begin 　case(s) 　　2'b00: C=D0; 　　2'b01: C=D1; 　　2'b10: C=D2; 　　default: C=D3; 　endcase end		case 语句、if 语句、条件运算符生成的都是多路选择器

执行过程为：首先计算条件表达式，如果为真，则计算真表达式的值；如果为假，则计算假表达式的值。条件运算符可以嵌套使用，每个真表达式或假表达式也可以是一个条件运算符表达式。条件表达式的作用相当于控制开关。

【例 2-6】　使用条件运算符来实现一个四选一多路选择器。

```
module mux4to1(out,sel,in1,in2,in3,in4);
    output out;
    input in1,in2,in3,in4;
```

```
            input[1:0] sel;
            assign out=(sel[1]) ? (sel[0]? in1 : in2) : (sel[0]? in3 : in4);
        endmodule
```

程序说明如下：

(1) assign out=(sel[1]) ? (sel[0]? in1 : in2) : (sel[0]? in3 : in4); 在真表达式和假表达式中均嵌套了一个条件运算符表达式。程序的运算过程如下：首先判断 sel[1] 是否为真，若为真则计算 (sel[0]? in1 : in2)，否则计算 (sel[0]? in3 : in4)；然后按照同样的规则计算这两个条件运算符表达式。

(2) 本代码实现了一个四选一多路选择器，输出由条件 sel 决定。当 sel 为 2'b11 时，选择 in1；当 sel 为 2'b10 时，选择 in3；当 sel 为 2'b01 时，选择 in2；当 sel 为 2'b00 时，选择 in4。

(3) 这段代码可以很容易地使用 case 语句或者 if 语句来实现。例如：

```
        module mux4to1_case(out, sel, in1, in2, in3, in4);
            output reg out;
            input in1,in2,in3,in4;
            input[1:0] sel;
            always@(*) begin
                case(sel)
                    00:   out = in1;
                    01:   out = in2;
                    10:   out = in3;
                    11:   out = in3;
                endcase
            end
        endmodule
```

上面的代码使用 case 语句来实现与例 2-16 完全相同的功能。

七、移位运算符

移位运算符包括左移位运算符(<<)和右移位运算符(>>)。

移位运算符对应的实际电路是线的对应连接关系，不消耗逻辑资源。

移位运算符的具体示例说明如表 2-12 所示。

表 2-12　移位运算符示例

表 达 式	电路示意图	电 路 说 明
reg[2:0] A; reg[2:0] B; B = A>>1	A[0] —— × A[1] —— B[0] A[2] —— B[1] 1'b0 —— B[2]	移位操作就是选择相应的线进行相连

移位运算符的使用方法如下：

```
        a >> n
```

或

　　　a ≪ n

　　a 代表要进行移位的操作数，n 代表要移几位。这两种移位运算都用 0 来填补移出的空位，下面举例说明。

　　【例 2-7】 采用移位运算符实现两个 3 位数的乘法。

　　解题指引 如图 2-3 所示，设 a 为 3 位乘数，用 a2a1a0 表示，设 b 为 3 位被乘数，用 b2b1b0 表示，乘法运算过程如下：

```
                        a2     a1     a0
            ×           b2     b1     b0
          ─────────────────────────────────
第1行                   a2b0   a1b0   a0b0
第2行           a2b1    a1b1   a0b1
第3行   a2b2   a1b2    a0b2
          ─────────────────────────────────
      第5列   第4列   第3列   第2列  第1列
```

图 2-3　乘法的运算过程

　　乘法的最后是把 5 列分别求和得到 5 位的积。根据以上运算过程可以看出，乘法的最后也可以将最后 3 行代表的 3 个数相加，但第 2 行相对第 1 行要左移 1 位，第 3 行相对第 1 行要左移 2 位。

　　Verilog 实现代码如下：

```verilog
module   mul_3bit(a,b,mul);
    input [2:0] a,b;
    output[5:0] mul;
    wire[5:0] m1,m2,m3;
    assign mul= m1 + m2 + m3;
    assign m1= b[0]? a : 0;
    assign m2= b[1]? (a<<1) : 0;
    assign m3= b[2]? (a<<2) : 0;
endmodule
```

程序说明如下：

　　(1) wire[5:0] m1,m2,m3;定义了 3 个中间变量，m1 用于存放第 1 行的值，m2 用于存放第 2 行的值，m3 用于存放第 3 行的值。

　　(2) 本例为两个 3 位数相乘，我们可以采用数据流建模方式来完成，如果位数较多，比如位数为 64 位，则采用数据流建模显得烦琐，此时可采用循环语句来完成此算法，即采用更高抽象级的行为建模。

　　(3) 进行移位运算时应注意移位前后变量的位数。例如，4'b1001<<1=5'b10010，4'b1001<<2=6'b100100，1<<6=32'b1000000。

　　(4) 从本例中可看出，由于移位运算符可以用来实现移位操作、乘法算法的移位相加以及其他许多有用的操作，因此它在具体设计中是很有用的。

(5) 本例这种采用移位操作将乘法转换成加法的算法,可以通过流水线来提高系统的工作频率。关于流水线的内容可参见本书的后续章节。

八、位拼接运算符

位拼接运算符包括拼接运算符({})、重复运算符({{}})。

位拼接运算符对应的实际电路是线的对应连接关系,不消耗逻辑资源,可结合移位运算符来理解。

位拼接运算符的具体示例说明如表 2-13 所示。

表 2-13　位拼接运算符示例

表　达　式	电路示意图	电 路 说 明
reg[1:0] A; reg[2:0] B; B= {A[0],1'b0,A[1]}	A[1] —— B[0] 1'b0 —— B[1] A[0] —— B[2]	位拼接操作就是选择相应的线进行相连

拼接运算符{}可以把两个或多个信号的某些位拼接起来进行运算操作。其使用方法如下:

{信号 1 的某几位, 信号 2 的某几位, …, 信号 n 的某几位}

即把某些信号的某些位详细地列出来,中间用逗号分开,最后用大括号括起来表示一个整体信号。例如:

{a,b[3:0],w,3'b101}　//等价于{a,b[3],b[2],b[1],b[0],w,1'b1,1'b0,1'b1}

在位拼接表达式中的每个信号均需指明位数,这是因为在计算拼接信号的位宽大小时必须知道其中每个信号的位宽。对于未指明位数的数字,则按照默认值 32 位进行处理。例如:

{1,1}　//64 位,从右边数第 0 位为 1,第 32 位为 1,其余位均为 0

如果需要重复多次拼接同一个操作数,则可以使用重复运算符。重复拼接的次数用常数来表示,该常数指定了其后大括号内变量的重复次数。例如:

{4{w}}　　//等价于{w,w,w,w}

位拼接还可以用嵌套的方式来表达。例如:

{b,{3{a,b}}}　　　//等价于{b,a,b,a,b,a,b}

用于表示重复的表达式(如上例中的 4 和 3)必须是常数表达式。

位拼接运算符在有些场合非常有用。比如,在使用的函数中想返回几个值的时候,可使用位拼接运算符将几个待返回的值拼接为一个值,作为函数值进行返回。

九、运算符的优先级

下面讨论运算符之间的优先级。如果不使用小括号将表达式的各个部分分开,则 Verilog 将根据运算符之间的优先级对表达式进行计算。

图 2-4 列出了常用的几种运算符的优先级别。

运算符	优先级别
!、~	高优先级别
*、/、%	
+、-	
<<、>>	
<、<=、>、>=	
==、!=	
&、~&	
^、^~	
|、~|	
&&	
?:	低优先级别

图 2-4　运算符的优先级

下面通过一个例子来说明运算符优先级别的应用。

若 a、b、x、y 均定义为 wire[3:0]类型，且 a=1，b=7，则

(1) 当 x=(a= =2) ? ~a|b : b>>2；时，可计算出 x=1。

该表达式用到了相等运算符(= =)、按位运算符(~、|)、移位运算符(>>)和条件运算符(?:)。小括号的优先级最高，在计算时首先计算小括号内的表达式的值，然后按优先级求其他表达式的值。按照其优先级先求 ~a，因为 a=1 且为 4 位 wire 类型，所以 ~a=4'b1110，之后可求出条件运算符的一个操作数 ~a|b 的值为 4'b1111，而条件运算符的另一个操作数 b>>2 的结果为 4'b0001。根据题意，条件运算符的条件为假，所以 x 的值为 4'b0001。

(2) 当 y=3+2>>2；时，可计算出 y=1。该表达式用到了算术运算符(+)和移位运算符(>>)。根据优先级，y=3+2>>2;等价于 y=(3+2)>>2;，所以 y 的值为 4'b0001。

实际中，由于运算符的优先级被忽视或混淆而造成错误的情况经常发生。为了避免源于运算符优先级的运算错误，在不确定运算符优先级的情况下，建议读者使用小括号将各个表达式分开。另外，使用括号也可以提高程序的可读性，明确表达各运算符间的优先关系。

在学习运算符时，建议结合 ModelSim 软件进行，将代码及其直观的仿真结果相结合，学习效果更好。例如，运算符可以尝试结合类似于例 2-8 这样的例子来学习。

【例 2-8】　运算符学习程序。

```
module tb_operator;
    reg[3:0] a;
    reg[3:0] b;
    reg c;
    reg[19:0] d;
```

```verilog
reg[3:0] f;
initial begin
   a=4'b0011;     //3
   b=4'b0100;     //4
   c=1'b0;
   //格式符
   $display("a=4'b%b, 4'd%d", a, a);
   $display("b=4'b%b, 4'd%d", b, b);
   $display("c=1'b%b, 1'd%d", c, c);
   //算术运算符
   $display("a+b=%d", a+b);
   $display("a/b=%d", a/b);
   $display("a%%b=%d", a%b); //要转义，也可使用下面一句，效果一样
   $display("%d", a%b);
   //关系运算符
   $display("a>b=%b",a>b);
   //相等关系运算符
   $display("a==b=%b",a==b);
   //移位运算符
   $display("a<<2=%b,a<<2=%d",a<<2,a<<2);
   $display("a>>2=%b,a>>2=%d",a>>2,a>>2);
   //逻辑运算符
   $display("a&&b=%b", a&&b);
   //按位运算符
   $display("a&b=%b", a&b);
   //缩位运算符
   $display("&a=%b", &a);
   $display("^a=%b", ^a);
   //拼接运算符
   $display("{{2{c}}, b}=%b", {{2{c}}, b});
   //条件运算符
   f= ((a>b)? a:b);
   $display("f= ((a>b)? a:b) =%b",f);
   //转义字符
   $display("\nOK!\n");
end
endmodule
```

　　在 ModelSim 中运行上述代码，在控制台观察结果，并将结果与代码对应起来，这样可以高效地学习每个运算符的功能。

任务 2.3　基本语法及其学习建议

Verilog HDL 基本语法多而且琐碎，所以建议初学者通过项目学习的方法学习这些基本语法。具体来讲，即建议初学者多学习一些完整的设计方法，明白其中涉及的基本语法的方法学习，可以达到事半功倍的学习效果。

学习 Verilog HDL 基本语法时，使用 ModelSim 软件，且将代码及其直观的仿真结果相结合，会具有更好的学习效果。

下面给出一些基本语法及其相应的代码示例，起到抛砖引玉的作用。但仅用于说明学习方法，不是讲解全部的知识点。

一、四值逻辑

Verilog 使用四值逻辑来对实际的硬件电路建模。四值逻辑如表 2-14 所示。

表 2-14　四值逻辑

逻辑值	硬件电路中的条件
0	逻辑 0，条件为假
1	逻辑 1，条件为真
x	逻辑值不确定
z	高阻，浮动状态

不定态 x，是指当前状态可能为逻辑 0，也可能为逻辑 1。

关于高阻态的含义，可以通过下面的示例来理解。高阻态广泛用于作为双向端口的场合，如各种 MCU 的通用 IO 口，这样做通常是为了节省管脚资源。

【例 2-9】　双向端口举例。

```
module io2(clk,rst,data,rd,wr);
    input clk,rst;
    inout wire data;
    input wire rd,wr;
    reg internal_reg;
    always@(posedge clk,negedge rst)
        if(!rst) internal_reg <= 0;
        else begin
            if(wr) internal_reg <= data;
        end
    assign data = rd? internal_reg : 1'bz;
endmodule
```

例 2-9 中，当 rd 信号有效，则 data 端口将信息 internal_reg 发到该通信线上，否则将

data 端口设置为高阻态，即当 rd 无效时，data 信号线的电平由外部其他器件控制。将具有输入输出功能的端口 data 置为高阻态，意味着该端口不会影响到该通信线的电平变化，但可以读取端口的电平，即将该信号线上的电平保存在 internal_reg 中。

二、多驱动源和信号强度

多数编译环境不支持多个驱动源。例如，在多个 initial 语句或 always 语句中对同一个变量赋值，ModelSim、Vivado、Quartus II等仿真工作或综合工具可能会报错，即使不报错，输出结果也可能跟预想的结果不一致。

【例 2-10】 多个驱动源示例——assign 语句。

```
module tb_net1;
  wire w;
  //监控输出
  initial begin
    $monitor($time,"\tw=%b",w);
  end
  assign #5 w =1'b1; //赋值 1
  assign #7 w =1'bz;//赋值 z
  assign #9 w =1'b0;//赋值 0
endmodule
```

程序说明如下：

(1) 按上述写法，编译不会报错，但输出结果如图 2-5 所示时，输出结果有误。

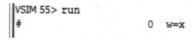

图 2-5　输出结果

(2) 上述(1)中输出结果有误的原因，是不能在多个 assign 语句对同一个 wire 信号赋值。

【例 2-11】 多个驱动源示例——always 语句。

```
module tb_reg1;
  reg w;
  //监控输出
  initial begin
    $monitor($time,"\tw=%b",w);
  end
  always #5 w =1'b1; //赋值 1
  always #7 w =1'bz; //赋值 z
  always #9 w =1'b0; //赋值 0
endmodule
```

程序说明如下：

(1) 输出结果如图 2-6 所示，输出结果正确。

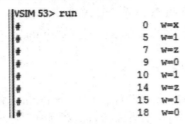

图 2-6　输出结果

(2) 上述(1)中的输出结果虽然正确，但仍然不建议在多个 always 语句中对同一变量赋值。建议一个变量仅在一个 always 语句中被赋值。

多个驱动源在实际应用中有可能出现，因此，仿真时也可以模拟这种情况。Verilog HDL 语言中，信号设置了 8 种驱动强度，如表 2-15 所示。

表 2-15　信号驱动强度

强度等级	类　型	程　　度
supply	驱动	最强
strong	驱动	
pull	驱动	
large	存储	
weak	驱动	
medium	存储	
small	存储	
highz	高阻态	最弱

可以结合例 2-12 的程序来理解信号强度的含义。

【例 2-12】 信号强度举例。

```
module fun1(a);
    output wire a;
    assign (supply1,weak0)a=1;
endmodule
module fun2(b);
    output wire b;
    assign (weak1,weak0)b=0;
endmodule
module fun_tb;
    wire ab;
    fun1 ab1(.a(ab));
    fun2 ab2(.b(ab));
endmodule
```

程序说明如下：

(1) 顶层模块 fun_tb 中，fun1 模块向 ab 输出 supply 1，fun2 模块向 ab 输出 weak0，由于 supply 的驱动强度强于 weak，最终 ab 输出的结果为 1。

(2) 如果在顶层模块 fun_tb 中，fun1 模块向 ab 输出 weak 0，fun2 模块向 ab 输出 weak1，由于驱动强度相同，最终 ab 输出的结果为不定态 x(请读者自行验证)。

(3) 在设计电路时，通常不涉及多个驱动源的场景。因此，在实际设计电路时建议一个变量仅在一个 always 语句中被赋值，尽量避免多驱动源设计。

三、常量

常量是指其值不能被改变的量。常量的数据类型有整型、字符串、参数型等。

(1) 整型。

在 Verilog HDL 中，整型常量(即整常数)有以下四种进制表示形式：二进制整数(b 或 B)、十进制整数(d 或 D)、十六进制整数(h 或 H)和八进制整数(o 或 O)。

数字表达方式有以下三种：

① <位宽><进制><数字>，这是一种全面的描述方式。

②<进制><数字>，在这种描述方式中，数字的位宽采用缺省位宽(由具体的机器系统决定，但至少为 32 位)。

③ <数字>，在这种描述方式中，进制缺省为十进制。

在表达式中，位宽指明了数字的精确位数，位宽具体指的是该数在二进制数形式下的位数。例如：

```
8'b10101001          //位宽为 8 的数的二进制表示
8'ha5                //位宽为 8 的数的十六进制表示，等价于 8'b10100101
```

一个数字可以被定义为负数，只需在位宽表达式前加一个减号，且减号必须写在数字定义表达式的最前面。注意减号不可以放在位宽和进制之间，也不可以放在进制和具体的数之间。例如：

```
-8'd4                //这个表达式代表 4 的补数(用八位二进制数表示)
8'd-4                //非法格式
```

下画线可以用来分隔开数的表达，以提高程序可读性。但不可以用在位宽和进制处，只能用在具体的数字之间。例如：

```
16'b1010_1011_1111_1010    //合法格式
8'b_0011_1010              //非法格式
```

当常量不说明位数时，默认值是 32 位。例如：

```
10=32'd10＝32'b1010
1=32'd1＝32'b1
-1=-32'd1＝32'hFFFFFFFF
'BX=32'BX=32'HXXXXXXXX
```

　　整数可以结合例 2-13 来学习。该例中可用来学习进制、有符号数、无符号数、integer、实数等内容。关于实数的内容在本节不做介绍，读者可查阅相关书籍进行学习。

【例 2-13】　整数举例。

```verilog
module tb_const;
    reg[7:0] a1;
    reg signed[7:0] a2;
    reg signed[7:0] b;
    real c;
    integer d;
    reg signed[15:0] result;
    //无符号数
    initial begin
        //无符号数
        a1=10;
        $display("a1=8'b%b,8'o%o,8'd%d,8'h%h",a1,a1,a1,a1);
        //有符号数
        a2=10;
        $display("a2=8'b%b,8'o%o,8'd%d,8'h%h",a2,a2,a2,a2);
        b=-15;
        $display("b=8'b%b,8'o%o,8'd%d,8'h%h",b,b,b,b);
        //实数
        c=1.2345678e4;
        $display("c=%d,%f",c,c);
        c=1.23e-4;
        $display("c=%d,%f",c,c);
        c=-1.23e4;
        $display("c=%d,%f",c,c);
        //整数
        d=15;
        $display("d=32'b%b,32'o%o,32'd%d,32'h%h",d,d,d,d);
        d=-15;
        $display("d=32'b%b,32'o%o,32'd%d,32'h%h",d,d,d,d);
        //有符号数的运算
        result = b*a1;      //一个有符号数和一个无符号数相乘，结果错误
        $display("b*a1=32'b%b,32'o%o,32'd%d,32'h%h",result,result,result,result);
        result = b*a2;      //两个有符号数相乘，结果正确
        $display("b*a2=32'b%b,32'o%o,32'd%d,32'h%h",result,result,result,result);
    end
endmodule
```

(2) 字符串。

在 Verilog HDL 使用双引号" "表示字符串内容，一个字符串必须放在一行内，字符串也会用到 \n、\r、\t、\\ 和 \ 等转义字符。

在表达式和赋值语句中使用字符串，工具会将其视作无符号整数，一个字符对应一个 8 bit 的 ASCII 码，对应关系如表 2-16 所示。

表 2-16　ASCII 码对照表

高四位 低四位		ASCII 码控制字符												ASCII 码打印字符											
		0000 0						0001 1						0010 2		0011 3		01/0 4		0101 5		0110 6		0111 7	
		十进制	字符	Ctrl	代码	转义字符	字符解释	十进制	字符	Ctrl	代码	转义字符	字符解释	十进制	字符	十进制	字符	十进制	字符	十进制	字符	十进制	字符	十进制	字符	Ctrl
0000 0	0		^@	NUL	\0	空字符	16	►	^P	DLE		数据链路转义	32		48	0	64	@	80	P	96	`	112	p	
0001 1	1	☺	^A	SOH		标题开始	17	◄	^Q	DC1		设备控制1	33	!	49	1	65	A	81	Q	97	a	113	q	
0010 2	2	●	^B	STX		正文开始	18	↕	^R	DC2		设备控制2	34	"	50	2	66	B	82	R	98	b	114	r	
0011 3	3	♥	^C	ETX		正文结束	19	‼	^S	DC3		设备控制3	35	#	51	3	67	C	83	S	99	c	115	s	
0100 4	4	♦	^D	EOT		传输结束	20	¶	^T	DC4		设备控制4	36	$	52	4	68	D	84	T	100	d	116	t	
0101 5	5	♣	^E	ENQ		查询	21	§	^U	NAK		否定应答	37	%	53	5	69	E	85	U	101	e	117	u	
0110 6	6	♠	^F	ACK		肯定应答	22	▬	^V	SYN		同步空闲	38	&	54	6	70	F	86	V	102	f	118	v	
0111 7	7	•	^G	BEL	\a	响铃	23	↨	^W	ETB		传输块结束	39	'	55	7	71	G	87	W	103	g	119	w	
1000 8	8	◘	^H	BS	\b	退格	24	↑	^X	CAN		取消	40	(	56	8	72	H	88	X	104	h	120	x	
1001 9	9	○	^I	HT	\t	横向指标	25	↓	^Y	EM		介质结束	41	)	57	9	73	I	89	Y	105	i	121	y	
1010 A	10	◙	^J	LF	\n	换行	26	→	^Z	SUB		替代	42	*	58	:	74	J	90	Z	106	j	122	z	
1011 B	11	♂	^K	VT	\v	纵向制表	27	←	^[	ESC	\e	溢出	43	+	59	;	75	K	91	[	107	k	123	{	
1100 C	12	♀	^L	FF	\f	换页	28	∟	^\	FS		文件分隔符	44	,	60	<	76	L	92	\	108	l	124			
1101 D	13	♪	^M	CR	\r	回车	29	↔	^]	GS		组间分隔符	45	-	61	=	77	M	93	]	109	m	125	}	
1110 E	14	♫	^N	SOH		移出	30	▲	^^	RS		记录分隔符	46	.	62	>	78	N	94	^	110	n	126	~	
1111 F	15	☼	^O	SI		移入	31	▼	^-	US		单元分隔符	47	/	63	?	79	O	95	_	111	o	127	△	^Backspace 代码:DEL

注：表中的ASCII字符可以用"Alt + 小键盘上的数字键"方法输入

由于字符串的本质仍然是无符号整数，因此，Verilog 的各种操作运算也适用于字符串，运算时要注意数据位宽不匹配时的补 0 和截位操作。

字符串可以结合例 2-14 来学习。该例中可以使用多种进制格式打印字符或字符串，包括十进制、二进制、字符等，该例也实现了字符串的滚动显示效果。

【例 2-14】 字符串举例。

```
//字符是以 ASCII 形式存在的
module tb_string;
    reg[7:0] a;
    reg[11*8-1:0] string; //字符串声明
    integer i;
    initial begin
        //单个字符
        a=8'b0011_0000;
        $display("a=%c,%b,%d",a,a,a);
        //字符串:ASCII
        string="hello world";
        $display("string:%s,\t ASCII:'h%h,'b%b\n",string,string,string);
        //逐一打印字符
```

```
    for(i=0;i<11;i=i+1) begin
      $display("string[%2d]=%c,%h",i,string[7:0],string[7:0]);    //2d 指两位整数
      string = string>>8;      //一个字符占 8bit
    end
    $display("String End!\n");
    //循环滚动信息
    string="hello world";
    $display("string=%s",string);
    for(i=0;i<11;i=i+1) begin
      string = {string[7:0],string[(11*8-1):8]};    // string[11*8-1:8]="hello world"
      $display("string=%s",string);
    end
    $display("OK\n");
  end
  endmodule
```

在 ModelSim 中运行上述代码，得到结果如图 2-7 所示。

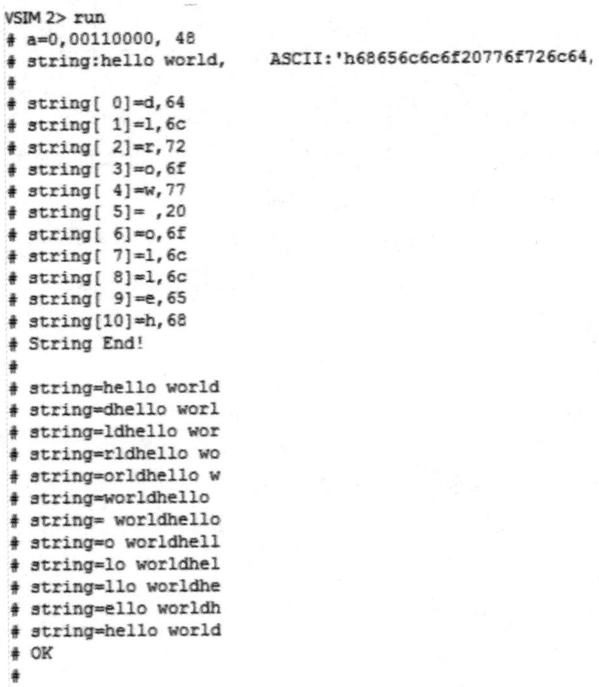

```
VSIM 2> run
# a=0,00110000, 48
# string:hello world,    ASCII:'h68656c6c6f20776f726c64,
#
# string[ 0]=d,64
# string[ 1]=l,6c
# string[ 2]=r,72
# string[ 3]=o,6f
# string[ 4]=w,77
# string[ 5]= ,20
# string[ 6]=o,6f
# string[ 7]=l,6c
# string[ 8]=l,6c
# string[ 9]=e,65
# string[10]=h,68
# String End!
#
# string=hello world
# string=dhello worl
# string=ldhello wor
# string=rldhello wo
# string=orldhello w
# string=worldhello
# string= worldhello
# string=o worldhell
# string=lo worldhel
# string=llo worldhe
# string=ello worldh
# string=hello world
# OK
#
```

图 2-7　例 2-14 的仿真结果

读者可以结合仿真结果学习和理解字符串的使用方法，此处不再展开说明。

(3) 参数(parameter)型。

Verilog HDL 中用 parameter 来定义常量，即用 parameter 定义一个标识符来代表一个常

量，称为符号常量，即标识符形式的常量。采用标识符代表一个常量可提高程序的可读性和可维护性。

parameter 型数据是一种常数型的数据，其说明格式如下：

　　　　parameter 参数名 1 = 表达式，参数名 2 = 表达式, …，参数名 n = 表达式;

parameter 是参数型数据的确认符，确认符后跟着一个用逗号分隔开的赋值语句表。在每一个赋值语句的右边必须是一个常数表达式，即该表达式只能包含数字或先前已定义过的参数。例如：

parameter　　msb=-3'b1;;	//定义参数 msb 为常量 7
parameter　　e=2_5;	//定义常数参数 e=25
parameter　　byte_size=8, byte_msb=byte_size-1;	//用常数表达式赋值

参数型常数经常用于定义延迟时间和变量宽度。在模块或实例引用时，可通过参数传递改变在被引用模块中已定义的参数。

参数可以结合例 2-15 来学习。

【例 2-15】　参数举例。

```
module para_adder4(a,b,sum);
    parameter WIDTH =8;          //使用参数定义位宽
    parameter DELAY=5;           //使用参数定义延时
    input[WIDTH-1:0] a,b;
    output[WIDTH-1:0] sum;
    assign    #DELAY sum=a+b;
endmodule
//测试台
module tb_para_adder4;
    reg [1:0] a1,b1;
    reg [3:0] a2,b2;
    wire[1:0] sum1;
    wire[3:0] sum2;
    para_adder4 #(.WIDTH(2),.DELAY(1)) U1(a1,b1,sum1);
    para_adder4 #(.WIDTH(4),.DELAY(3)) U2(a2,b2,sum2);
    initial begin
        a1=0;b1=0;a2=0;b2=0;
        #10 a1=1;b1=1;a2=5;b2=7;
        #10 a1=2;b1=0;a2=1;b2=2;
        #10 a1=3;b1=1;a2=4;b2=8;
        #10 $stop;
    end
endmodule
```

例 2-15 中，被测试模块定义了 2 个参数 WIDTH 和 DELAY，并且分别给定了值；在测试模块中，通过#(.WIDTH(2),.DELAY(1))修改了两个参数的值。这就是在模块或实例引用时通过参数传递改变在被引用模块中已定义的参数的方法。

四、标识符

在 Verilog HDL 语言中，标识符是指用户编程时使用的名字，包括变量名、常量名、函数名、任务名、语句块名等。

一般的标识符由字母、数字、下画线和符号 $ 构成。特殊的标识符可能包含更多的符号，但这需要使用转义字符，比较烦琐，也不直观，因此，不建议大家使用。

标识符是由字母，数字，下画线和符号 $ 组成，并且第一个不能为数字。标识符分为关键字和用户标识符。Verilog HDL 语言中常用的关键字如表 2-17 所示。

表 2-17　常用关键字

关键字	含　义	关键字	含　义
module	模块开始定义	endmodule	模块结束定义
input	输入端口定义	begin	语句的起始标志
output	输出端口定义	end	语句的结束标志
inout	双向端口定义	posedge/negedge	时序电路的标志
parameter	信号的参数定义	case	case 语句起始标记
wire	wire 信号定义	default	case 语句的默认分支标志
reg	reg 信号定义	endcase	case 语句结束标记
assign	产生 wire 信号语句的关键字	If/else	if/else 语句标记
always	产生 reg 信号语句的关键字	for	for 语句标记

关键字不能作为用户标识符号使用，但标识符区分大小写。例如，for 是关键字，而 For 却是一个合法的标识符，而不是关键字。

建议采用能说明标识对象意义的标识符。例如，使用 cnt 表示计数变量、使用 clk 表示时钟变量、使用 rst 表示复位变量等。

标识符可以结合例 2-16 来学习。

【例 2-16】 标识符、特殊标识符和一般标识符举例。

```
module tb_identify;
    reg[3:0] A$_1;
    reg[3:0] b_$2;
    reg c0;
    reg[2:0] d_o;
//  reg f#;     //这个定义是错误的！
//  reg 1ab;    //这个定义是错误的！
    reg[1:0] \@#?() ;    //使用转义符定义变量, 末尾一定要加空格
```

```
    initial begin
      A$_1 = 4'b0011;      //3
      b_$2 = 4'b0100;      //4
      c0 = 1'b0;
      //格式符
      $display("A$_1=%b,A$_1=%d",A$_1,A$_1);
      $display("b_$2=%b,b_$2=%d",b_$2,b_$2);
      $display("c0=%b,c0=%d",c0,c0);
      //使用转义符定义的变量，末尾的空格不能省略
      \@#?() =2'b11;
      $display("\@#?() =%b\n",\@#?() );
      //转义字符
      $display("hello\t word\t!");
      $display("\nXYZ");
      $display("\nOK!\n");
      //演示 display 和 monitor 的区别
      d_o=0;
      $display($time,"\td=%d",d_o);
      $monitor($time,"\td=%d",d_o);
      forever #5 d_o=d_o+1;
    end
  endmodule
```

程序说明如下：

(1) 本例使用 reg[1:0] \@#?() ; 定义了一个特殊标识符"\@#?()"，其中使用了转义字符 "\"。使用特殊标识符时，必须使用转义字符进行定义和使用，因此，建议在实际应用中 避免使用特殊标识符。

(2) 本例中使用的其他标识符都是一般标识符，由字母，数字，下画线和符号$组成， 并且标识符的首个位置不是数字。reg f#;和 reg 1ab;中"f#"和"1ab"这两个标识符的定义 是错误的，前者有非法字符#，后者首个位置为 1。读者可以将本例中的注释符号去掉，然 后在 ModelSim 中编译查看具体的报错信息。

项 目 小 结

本项目讨论了以下知识点：

(1) 连续赋值语句。

(2) 运算符：算术、关系、逻辑、按位、缩减、条件、移位和位拼接运算符。

(3) Verilog HDL 的一些基本语法，包括四值逻辑、多驱动源和信号强度、常量和标识 符等。

习　题　2

1. 一个全减器具有三个一位输入 x、y 和 z (前面的借位)，两个一位输出 D(差)和 B(借位)。计算 D 和 B 的逻辑等式如下：

$$D = x'y'z + x'y\ z' + x\ y'z' + xyz$$

$$B = x'y + x'z + yz$$

根据上面的定义写出 Verilog 描述，并对 x、y 和 z 这三个输入的 8 种组合(见表 2-18)及其对应的输出进行测试。

表 2-18　全减器真值表

x	y	z	B	D
0	0	0	0	0
0	0	1	1	1
0	1	0	1	1
0	1	1	1	0
1	0	0	0	1
1	0	1	0	0
1	1	0	0	0
1	1	1	1	1

2. 分别使用数据流建模实现 4 选 1 数据选择器。

3. 分别使用数据流建模实现 4 位加法器。

项目 3　结构化建模

本项目介绍结构化建模，包括门级原语和层次建模。门级原语适用于简单电路的设计，可通过直接调用门级原语搭建电路；层次建模适用于功能复杂的电路，应先进行功能划分，然后单独完成各个功能，最后通过层次建模组合在一起。

本项目使用结构化建模的电路有与非门、1位全加器、加法器、计数器等。

任务 3.1　门 级 原 语

简单的逻辑电路可以使用逻辑门来设计实现。

基本的逻辑门分为两类：与/或门类、缓冲/非门类。

(1) 与/或门类。

与/或门类包括与门(and)、或门(or)、与非门(nand)、或非门(nor)、异或门(xor)、同或门(xnor)。与/或门类都具有一个标量输出端和多个标量输入端，门的端口列表中的第一个端口必定是输出端口，其他均为输入端口。当任意一个输入端口的值发生变化时，输出端口的值立即重新计算。

例如：

```
wire OUT,IN1,IN2,IN3;
and and2(OUT,IN1,IN2);          //基本门的实例引用
nand nand3(OUT,IN1,IN2,IN3);    //输入端超过两个，三输入与非门
and (OUT,IN1,IN2,IN3);          //合法的门实例引用，不给实例命名
```

(2) 缓冲/非门类。

缓冲/非门类包括缓冲器(buf)、非门(not)、带控制端的缓冲器/非门(bufif1、bufif0、notif1、notif0)。缓冲/非门类具有一个标量输入端和多个标量输出端，门的端口列表中的最后一个端口必定是输入端口，其他均为输出端口。

例如：

```
wire OUT1,OUT2,OUT3,IN,ctrl;
bufb1(OUT1,IN);                 //基本门的实例引用
not n1(OUT1,IN);                //基本门的实例引用
buf b2(OUT1,OUT2,OUT3,IN);      //输出端超过两个，三输出缓冲门
not  (OUT1,OUT2,IN);            //合法的门实例引用，不给实例命名
bufif1(OUT1,IN,ctrl);           //ctrl 为 1 时，OUT1=IN
notif0(OUT1,IN,ctrl);           // ctrl 为 01 时，OUT1=~IN
```

【例 3-1】利用双输入端的 nand 门,编写自己的双输入端的与门(my_and)、或门(my_or)、非门(my_not)、异或门(my_xor)。

```
module my_gate(a,b,y);
    input a,b;
    output[3:0] y;
    //与门用两个 nand 门实现
    wire nandab;
    nand(nandab,a,b),
        (y[0],nandab,nandab);
    //或门用三个 nand 门实现
    wire nandaa,nandbb;
    nand(nandaa,a,a),
        (nandbb,b,b),
        (y[1],nandaa,nandbb);
    //非门用一个 nand 门实现
    nand(y[2],a,a);
    //异或门用四个 nand 门实现
    wire andab,c,d;
    nand(andab,a,b),
        (c,andab,a),
        (d,andab,b),
        (y[3],c,d);
endmodule
```

上述电路设计涉及的知识点有门级原语例化和多输出处理。

下面对这些知识点进行说明。

(1) 门级原语例化。

在门级原语实例引用的时候,可以不指定具体的实例名,这一点给需要实例引用几百个甚至更多门的模块提供了方便。但对于初学者,建议在调用门级原语时给出实例名。在以上示例中,调用门级原语时均没有给出实例名。

在实际应用中,与非门和或非门更为普遍,这是因为由这两种门生成其他逻辑门容易实现。本例给出了使用与非门来设计其他基本逻辑门的方法。

(2) 多输出处理。

例 3-1 中有 4 个输出 y[0]～y[3],分别对应着与门、或门、非门、异或门。这 4 个输出均是独立的,在代码中分别进行了单独处理。在实践中,建议针对每个输出单独进行分析设计,这样做对于正确地实现电路逻辑是非常有效的。

例 3-1 的测试代码如例 3-2 所示。

【例 3-2】 门电路测试代码。

```
module my_gate_tb;
```

```
        reg     aa,bb;
        wire[3:0] yy;
        my_gate UU(.a(aa),
                   .b(bb),
                   .y(yy)
                   );
        initial begin
            {bb,aa} = 0;
            forever #10 {bb,aa} = {bb,aa}+1;
        end
    endmodule
```

上述电路设计涉及的知识点是组合逻辑测试激励的编写方法。

例 3-2 中将所有输入变量通过位拼接运算符拼接成一个变量{bb,aa}，然后进行循环加 1 处理，这样就可以遍历所有可能的组合，进而可以测试所有可能组合下的结果的正确性。

与测试代码对应的仿真图如图 3-1 所示。

图 3-1　门电路仿真波形

根据图 3-1 可以看出，y 对应的四路输出均实现了相应门电路的功能，设计正确。

逻辑门是最基本的电路单元，任何复杂的数字逻辑电路均可由逻辑门实现。但复杂电路的设计如果从逻辑门开始搭建，显然是不现实的，这时必须采用其他建模方式，层次建模就是一种有效的方法。

任务 3.2　层 次 建 模

首先通过一个典型的实例来介绍层次建模的概念。

【例 3-3】　实现一个 1 位全加器。

```
    /*以下为全加器顶层模块*/
    module f_adder(ain, bin, cin, cout, sum);
        output cout, sum;
        input ain, bin, cin;
        wire ain, bin, cin, cout, sum;
        wire d, e, f;
        h_adder u0(ain, bin, d, e);
```

```
    h_adder u1(e, cin, f, sum);
    or2a    u2(d, f, cout);
endmodule


/*以下为半加器模块*/
module h_adder(a, b, co, so);
    output co,so;
    input a, b;
    wire a, b, co, so, bbar;
    and and2(co, a, b);
    not not1(bbar, b);
    xnor xnor2(so, a, bbar);
endmodule


/*以下为或门模块*/
module or2a(a, b, c);
    output c;
    input a, b;
    wire a, b, c;
    assign c=a | b;        //将 a 与 b 按位或的结果赋给信号 c
endmodule
```

使用 Quartus II 软件综合的全加器的电路图如图 3-2 所示。

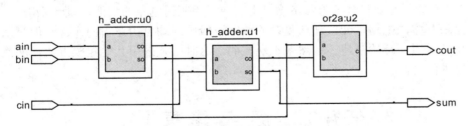

图 3-2　全加器 f_adder 电路图

由图 3-2 可见，全加器是由两个半加器和一个或门组成的。双击图中的半加器，可以看出半加器又由与门、异或门和非门构成，如图 3-3 所示。

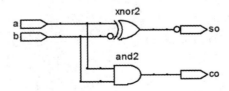

图 3-3　半加器 h_adder 电路图

上述电路设计涉及的知识点有层次建模、模块例化。

下面对这些知识点进行说明。

(1) 层次建模。

模块是可以进行层次嵌套的，因此，可以将大型数字电路设计分割成不同的小模块来实现特定的功能，最后通过顶层模块调用子模块来实现整体功能。

在全加器模块内部调用了半加器模块和或门模块，而在半加器模块内部又调用了基本逻辑门原语。

在层次建模中，不管是顶层模块还是被调用模块内部，其实现方式都可以使用多种方式，包括数据流建模、行为建模、结构化建模、状态机建模等。例如，在例 3-3 中，或门模块内部使用了数据流建模，使用了连续赋值语句 assign。

(2) 模块例化。

在全加器模块中有两处调用了半加器：h_adder u0(ain,bin,d,e); 和 h_adder u1(e,cin,f,sum);。每次调用均给出一个唯一的实例名，调用时端口列表名称不同。在 Verilog 设计中，模块调用时，可以按顺序将模块定义的端口与外部环境中的信号连接起来，这种方法称为按顺序连接。h_adder u0(ain, bin, d, e); 调用将 ain、bin、d、e 分别与模块定义中的端口 a、b、co、so 连接；h_adder u1(e, cin, f, sum); 调用将 e、cin、f、sum 分别与模块定义中的端口 a、b、co、so 连接。

全加器的仿真波形如图 3-4 所示。从仿真波形中可以看出，该设计完成了一位全加器的功能。

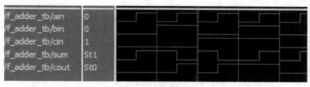

图 3-4　一位全加器的仿真波形

与仿真波形相应的测试代码如下：

【例 3-4】　1 位全加器测试模块。

```
module f_adder_tb;
    reg ain, bin, cin;
    wire sum, cout;
    f_adder    UU(ain, bin, cin, cout, sum);
    initial begin
        {cin,bin,ain} = 0;
        forever #10 {cin, bin, ain} = {cin, bin, ain}+1;
    end
endmodule
```

上述仿真代码涉及的知识点有模块例化、输入激励。

下面对这些知识点进行说明。

(1) 模块例化。

仿真代码中的模块例化与设计代码中的模块例化其方法完全相同。

(2) 输入激励。

输入激励要简洁，同时要保证输入激励全面且有代表性。对于 3 个输入的组合逻辑电路来说，3 个输入的 8 种组合必须都测试，最简单的方法就是 {cin, bin, ain} = {cin, bin, ain} + 1; ，这样就可以保证 3 个输入的所有可能组合都被测试到。

鉴于大型电路设计越来越多，团队合作分工越来越普遍，因此层次建模在实际应用中非常普遍。下面对层次建模、模块实例化、端口关联等进一步进行补充说明。

(1) 层次建模。

数字电路设计中有两种基本的设计方法：自底向上和自顶向下。在自顶向下设计方法中，首先定义顶层模块，随后将顶层模块分解为多个必要的子模块，然后进一步对各个子模块进行分解，直到达到无法进一步分解的底层功能块，如图 3-5 所示。

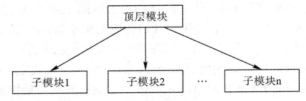

图 3-5　自顶向下设计方法

在自底向上设计方法中，首先对现有的功能块进行分析，然后使用这些模块来搭建规模大一些的功能块，如此继续，直到顶层模块，如图 3-6 所示。

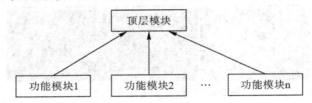

图 3-6　自底向上设计方法

在典型的设计中，这两种方法是混合使用的。为了说明层次建模的概念，下面结合全加器进行说明。

根据全加器的电路图，可以得出全加器的设计层次如图 3-7 所示。

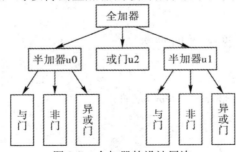

图 3-7　全加器的设计层次

使用自顶向下的方法进行设计，首先需要说明全加器的功能。在使用半加器和或门搭建顶层模块之后，进一步使用与门、异或门和非门来实现半加器。这样就可以将较大的功能块分解为较小的功能块，直到无法继续分解。对于例 3-4，我们可以认为基本门就是最小的功能块，不可再分解。事实上，这些基本门是可以继续分解的，这里就隐含着自底向上的设计方法。各种门级元件都是由 MOS 晶体管级开关元件构成的，都经过了优化设计，都可以用来搭建高层模块。对于例 3-4 来说，自顶向下的设计方法和自底向上的设计方法按相反的方向独立地进行，在门级会合。这样电路设计者使用开关级原语创建了一个底层元件库，而逻辑设计者通过使用自顶向下的方法将整个设计用由库单元构成的结构来描述。

(2) 模块实例化。

在顶层模块中，调用了 2 个半加器子模块和一个或门子模块。模块的调用过程称为模块的实例化，调用模块后创建的对象称为实例。

模块实例化是实现自顶向下设计的一种重要途径。模块实例化可以是多层次的，一个调用了较低层次模块的模块，可以被更高层次的模块调用。例如，例 3-4 中，可以先设计一个异或门模块，这个模块在半加器中被实例化，半加器模块又在全加器模块中被实例化。

需要说明的是，模块的调用(实例化)与 C 语言中的函数调用有着本质的区别。模块被调用后会生成一个实例，这个实例可以使用实例名对其进行唯一标识。如果在某个模块内出现了多次模块调用，则各次调用所指定的实例名必须不相同，在同一模块内不能出现两个相同的实例名。同一个上级模块可以对多个下级模块进行调用，也可以对一个下级模块进行多次调用。这样就会在同一电路中生成多个一模一样的电路结构单元，这些电路结构单元就是每次模块调用后生成的模块实例。所以，为了对这些相同的电路结构单元进行区分，为它们所取的模块实例名应该是各不相同的。

实例名和模块名的区别是：模块名标志着不同的模块，用来区分电路单元的不同种类；而实例名则标志着不同的模块实例，用来区别电路系统中的不同硬件电路单元。

在测试模块时，也需要对设计模块进行例化，并对设计模块的输入信号增加激励。

(3) 端口关联。

在模块实例化中，端口起着非常重要的作用。端口是模块与外界环境交互的接口，事实上，我们的模块可以理解为一颗芯片，端口可理解为芯片的管脚。对于外部环境来说，模块内部是不可见的，对模块的实例化只能通过其端口进行。这种特点为设计者提供了很大的灵活性，只要端口保持不变，就可以对模块内部的实现细节作任意修改。

在模块实例化中，可以使用两种方法将模块定义的端口与外部环境中的信号连接起来，即位置关联法和名称关联法。

① 位置关联法。

在位置关联方法下，端口连接表的格式为

(<端口 1>, <端口 2>, …, <端口 n>)

这些信号端口将与进行模块定义时给出的"端口列表"中出现的各个模块端口依次相连：端口连接表中的端口 1 与第 1 个模块端口相连，端口连接表中的端口 2 与第 2 个模块端口相连，以此类推。

在全加器的 Verilog 描述中，采用了位置关联的方法，即以下三条实例语句：

```
h_adder u0(ain,bin,d,e);
h_adder u1(e,cin,f,sum);
or2a   u2(d,f,cout);
```

② 名称关联法。

在名称关联方法下，端口连接表的格式为

　　　　(.<模块端口 1>(<端口 1>),.<模块端口 2>(<端口 2>),…, .<模块端口 n>(<端口 n>))

端口连接表内显式地指明了与每个外部信号端口相连的模块端口名，即模块端口 1 所代表的端口将与端口 1 相连，依次类推。

在全加器的 Verilog 描述中，若采用名称关联的方法，则需要用以下三条实例语句来替换相应的位置关联语句。

　　h_adder u0(.a(ain), .b(bin), .co(d), .so(e));　　//替换 h_adder u0(ain, bin, d, e);
　　h_adder u1(.a(e), .b(cin), .co(f), .so(sum));　　//替换 h_adder u1(e, cin, f, sum);
　　or2a　 u2(.a(d), .b(f), .c(cout));　　　　　　　//替换 or2a　 u2(d, f, cout);

需要说明的是，不能在同一个端口连接表内混合使用名称关联和位置关联。例如，下面这条语句是非法的：

　　h_adder u0(ain, .b(bin), .co(d), .so(e));　　　　//同时使用名称关联和位置关联是非法的

但对于不同的实例语句，则可以选择不同的端口关联方法。例如，下面的语句共存于同一个模块中是合法的：

　　h_adder u0(.a(ain), .b(bin), .co(d), .so(e));
　　h_adder u1(e, cin, f, sum);

另外，在端口名称关联方法下，模块端口和信号端口的连接关系被显式地说明，因此，端口连接表内各项的排列顺序对端口连接关系是没有影响的。例如，在全加器中对于半加器的实例化语句可写成：

　　h_adder u0(.so(e),.co(d),.b(bin),.a(ain));　　//替换 h_adder u0(.a(ain),.b(bin),.co(d),.so(e));

这样在大型设计中可以避免端口连接错误。

项 目 小 结

本项目讨论了以下知识点：
(1) 门级原语：例化。
(2) 层次建模：模块例化、名称关联、位置关联。

习 题 3

1. 利用双输入端的 nor 门，用 Verilog 编写自己的双输入端的与门、或门、非门、同或门，并进行验证。

2. 利用 2 选 1 数据选择器，使用结构化建模实现 4 选 1 数据选择器。

3. 利用 1 位全加器，使用结构化建模实现 4 位加法器。

4. 维持阻塞式边沿 D 触发器的逻辑图如图 3-8 所示。该触发器由六个与非门组成，其

中，G_1、G_2 构成基本 RS 触发器，G_3、G_4 组成时钟控制电路，G_5、G_6 组成数据输入电路。$\overline{R}_D$ 和 $\overline{S}_D$ 分别是直接置 0 端和直接置 1 端，其有效电平为低电平。利用门级建模完成以下 D 触发器设计并进行仿真。

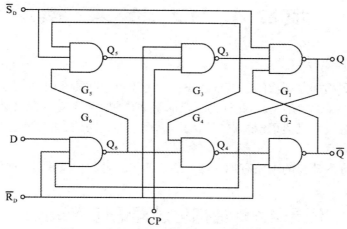

图 3-8　维持阻塞式边沿 D 触发器的逻辑图

5. 利用 D 触发器设计完成图 3-9 所示的 4 位寄存器设计并进行仿真。

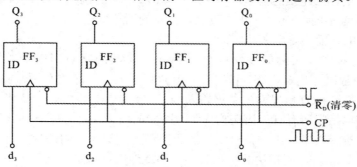

图 3-9　4 位寄存器的逻辑图

项目 4　行 为 建 模

本项目介绍更高抽象层次的建模方法——行为建模。以关键词 always 开始的语句为行为建模语句，always 语句是 Verilog 行为建模的基本语句，用于对寄存器类型的变量进行赋值。行为建模涉及过程赋值语句、选择语句、循环语句、begin/end 块语句、流水线设计、任务和函数等知识点。

本项目使用行为建模的电路有加法器、乘法器、编码器和译码器、触发器、计数器等。

任务 4.1　结构化过程语句 always

always 语句是行为建模的基本语句，每个 always 语句代表一个独立的执行过程，也称为进程。与 C 语言不同，Verilog 在本质上是并发的而非顺序的，Verilog 的各个 always 进程也是并发执行的，而不是顺序执行的。

always 语句对应着实际的硬件电路。always @(*)通常对应组合逻辑电路。always @(posedge clk)对应时序逻辑电路，相当于一个 D 触发器和一个组合逻辑电路，其中组合逻辑电路的输出直接连接 D 触发器的数据输入端。

always 语句包括的所有行为语句构成了一个 always 语句块。每个 always 语句块在满足一定的条件后即执行其中的第一条语句，然后按顺序执行随后的语句，直到最后一条执行完成后，再次等待 always 语句块的执行条件，等条件满足后又从第一条语句开始执行，循环往复。因此，always 语句通常用于对数字电路中一组反复执行的活动进行建模。

【例 4-1】　使用 always 语句描述 D 触发器。

```
module my_dff(q, clk, d);
input clk, d;
output reg q;
always @(posedge clk)
    q<=d;
endmodule
```

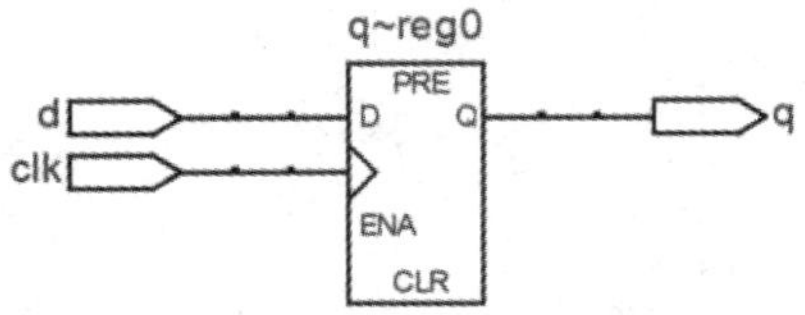

图 4-1　例 4-1 的综合结果

例 4-1 的综合结果如图 4-1 所示。

从综合结果来看，例 4-1 实现了一个上升沿触发的 D 触发器。

上述电路设计涉及的知识点有 always 语句、非阻塞赋值语句。

下面对这些知识点进行说明。

(1) always 语句。

always 语句是行为建模的典型特征。例 4-1 的程序在时钟上升沿将数据 d 赋予触发器输出 q，功能同 D 触发器一样。

always 语句由于其不断重复执行的特性，只有和一定的时序控制结合在一起才有用。always @(posedge clk) 语句表示只有在 clk 上升沿才开始执行 always 语句块，否则不执行。这种时序控制是 always 语句最常用的。

always 的时序控制可以是沿触发的，也可以是电平触发的，可以是单个信号或多个信号，中间需要用关键字 or 或 "，" 连接。例如：

```
always @(posedge clock or posedge reset)      //由两个沿触发的 always 块
    begin
    …
    end
always @( a or b or c )                        //由多个电平触发的 always 块
    begin
    …
    end
```

沿触发的 always 块常用来描述时序逻辑，如果符合可综合风格要求，则可用综合工具将其自动转换为表示时序逻辑的寄存器组和门级逻辑；而电平触发的 always 块常用来描述组合逻辑和带锁存器的组合逻辑，如果符合可综合风格要求，则可转换为表示组合逻辑的门级逻辑或带锁存器的组合逻辑。一个模块中可以有多个 always 块，它们都是并行运行的。

(2) always 语句对应的电路。

always@(*)通常对应组合逻辑电路。always @(posedge clk)对应的是时序逻辑电路，相当于一个 D 触发器和一个组合逻辑电路，其中组合逻辑电路的输出直接连接 D 触发器的数据输入端。

本书建议每个 always 语句块通常都实现且仅实现一个输出变量。这是因为一个 D 触发器通常仅有一个输出变量 Q，这种实现方法与实际电路的对应关系清晰明了。

(3) 非阻塞赋值语句。

q<=d;中使用的是非阻塞赋值语句。非阻塞赋值语句是过程赋值语句的一种类型。读者应掌握阻塞赋值语句和非阻塞赋值语句的特征。

任务 4.2　过程赋值语句

过程赋值语句的更新对象是寄存器、整数等。这些类型的变量在被赋值后，其值将保持不变，直到被其他过程赋值语句赋予新值。

过程赋值语句与数据流建模中的连续赋值语句是不同的。首先，连续赋值语句总是处于活动状态，任意一个操作数的变化都会导致表达式的重新计算以及重新赋值，但过程赋值语句只有在执行到的时候才会起作用。其次，更新对象不同，连续赋值语句的更新对象是线网，而过程赋值语句的更新对象是寄存器、整数等。最后，形式不同，过程赋值语句不使用 assign。

过程赋值语句与连续赋值语句又有相同之处,即两者可以使用的运算符是完全相同的。连续赋值语句中使用的运算符在过程赋值语句中同样适用,而且含义完全相同。

Verilog 包括两种类型的过程赋值语句:阻塞赋值语句和非阻塞赋值语句。

下面通过 5 个示例来说明两种赋值方式的不同。这 5 个示例的设计目标都是实现 3 位移位寄存器,它们分别采用了阻塞赋值方式和非阻塞赋值方式。

【例 4-2】 采用阻塞赋值方式描述移位寄存器 1。

```
module block1(Q0,Q1,Q2,D,clk);
    output Q0,Q1,Q2;
    input clk,D;
    reg Q0,Q1,Q2;
    always @(posedge clk) begin
        Q2=Q1; //注意赋值语句的顺序
        Q1=Q0;
        Q0=D;
    end
endmodule
```

综合结果如图 4-2 所示。

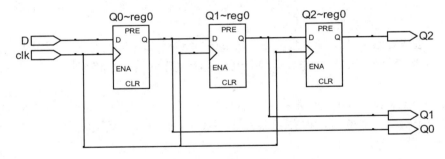

图 4-2　例 4-2 综合出来的电路图

【例 4-3】 采用阻塞赋值方式描述移位寄存器 2。

```
module block2(Q0, Q1, Q2, D, clk);
    output Q0, Q1, Q2;
    input clk, D;
    reg Q0, Q1, Q2;
    always @(posedge clk) begin
        Q1=Q0; //该句与下句的顺序与例 4-2 颠倒
        Q2=Q1;
        Q0=D;
    end
endmodule
```

综合结果如图 4-3 所示。

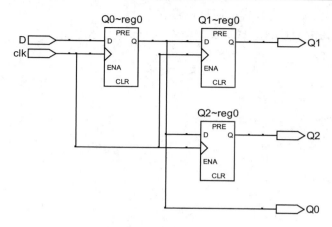

图 4-3 例 4-3 综合出来的电路图

【例 4-4】 阻塞赋值方式描述的移位寄存器 3。

```
module block3(Q0, Q1, Q2, D, clk);
    output Q0, Q1, Q2;
    input clk, D;
    reg Q0, Q1, Q2;
    always @(posedge clk) begin
        Q0=D;        //3 条赋值语句的顺序与例 4-2 的完全颠倒
        Q1=Q0;
        Q2=Q1;
    end
endmodule
```

综合结果如图 4-4 所示。

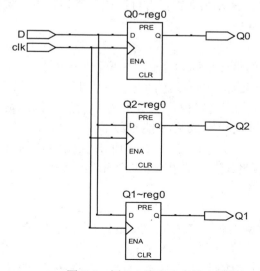

图 4-4 例 4-4 综合出来的电路图

【例 4-5】 采用非阻塞赋值方式描述移位寄存器 1。

```
module non_block1(Q0, Q1, Q2, D, clk);
output Q0, Q1, Q2;
input clk, D;
reg Q0,Q1,Q2;
always @(posedge clk)
  begin
    Q1<=Q0;
    Q2<=Q1;
    Q0<=D;
  end
endmodule
```

【例 4-6】 采用非阻塞赋值方式描述移位寄存器 2。

```
module non_block2(Q0, Q1, Q2, D, clk);
output Q0, Q1, Q2;
input clk, D;
reg Q0, Q1, Q2;
always @(posedge clk) begin
    Q0<=D;     //3 条赋值语句的顺序与例 4-5 的完全颠倒
    Q2<=Q1;
    Q1<=Q0;
  end
endmodule
```

例 4-5 和例 4-6 的综合结果与例 4-2 的完全一致，如图 4-2 所示。

例 4-2～例 4-6 的电路设计涉及的知识点有过程赋值语句、阻塞赋值、非阻塞赋值。下面对这些知识点进行说明。

(1) 阻塞赋值。

例 4-2～例 4-6 5 个例题的设计目标均是实现 3 位移位寄存器,但从综合结果可以看出，例 4-3 和例 4-4 没有实现设计目标，这与这两个设计中使用了阻塞赋值有关。

Q2=Q1；这种赋值方式称为阻塞赋值，Q2 的值在赋值语句执行完成后立刻改变，而且随后的语句必须在赋值语句执行完成后才能继续执行。所以，例 4-4 中的三条语句 Q0=D,Q1=Q0,Q2=Q1,执行完成后，Q0、Q1、Q2 的值都变化为 D 的值。也就是说，D 的值同时赋给了 Q0、Q1、Q2，参照其综合结果就能更清晰地看到这一点。例 4-2 和例 4-3 可通过同样的分析得出与综合结果一致的结论。

(2) 非阻塞赋值。

Q2<=Q1；这种赋值方式称为非阻塞赋值，Q2 的值在赋值语句执行完成后并不会立刻改变，而是等到整个 always 语句块结束后才完成赋值操作。所以，例 4-6 中的三条语句 Q0<=D,Q2<=Q1,Q1<=Q0,执行完成后，Q0、Q1、Q2 的值并没有立刻更新，而是保持了原来的值，直到 always 语句块结束后才同时进行赋值，因此 Q0 的值变为了 D 的值，Q2 的值变

为了原来 Q1 的值，Q1 的值变为了原来 Q0 的值(而不是刚刚更新的 Q0 的值 D)，参照其综合结果能更清晰地看到这一点。例 4-5 可通过同样的分析得出与综合结果一致的结论。

(3) 过程赋值语句总结。

前三个例题采用的是阻塞赋值方式，可以看出阻塞赋值语句在 always 块语句中的位置对其结果有影响；后两个例题采用的是非阻塞赋值方式，可以看出非阻塞赋值语句在 always 块语句中的位置对其结果没有影响。因此，在使用赋值语句时要注意两者的区别与联系。

在电路设计中，注意非阻塞赋值"<="只能用于对寄存器类型变量进行赋值，因此只能用于"initial"块和"always"块中，不允许用于连续赋值语句"assign"；而阻塞赋值"="既可以对线网类型变量赋值，也可以对寄存器类型变量进行赋值，因此既可以用于"initial"块和"always"块中，也可以用于连续赋值语句"assign"，但阻塞赋值通常用于连续赋值语句中。

综上所述，在选择使用阻塞赋值和非阻塞赋值时，为了防止引起歧义或产生混乱，建议在实现组合逻辑时统一使用阻塞赋值，在实现时序逻辑时统一使用非阻塞赋值。

任务 4.3 选 择 语 句

一、if 条件语句

if-else 语句用来判定所给定的条件是否满足，根据判定结果(真或假)决定执行给出的两种操作之一。Verilog HDL 语言提供了三种形式的 if 语句。

(1) 第 1 种 if 条件语句如下所示。

```
if(表达式)          语句;
```

例如：

```
if (a>b)          out1 <= int1;
```

(2) 第 2 种 if 条件语句如下所示。

```
if(表达式)          语句 1;
else              语句 2;
```

例如：

```
if (a>b)          out1<=int1;
else              out1<=int2;
```

(3) 第 3 种 if 条件语句如下所示。

```
if(表达式 1)          语句 1;
else   if (表达式 2)   语句 2;
else   if (表达式 3)   语句 3;
...
else   if (表达式 m)   语句 m;
else                  语句 n;
```

例如：

  if (a>b) out1<=int1;

  else if(a==b) out1<=int2;

  else   out1<=int3;

下面是一个使用 if 语句的例子。

【例 4-7】 使用 always 语句描述具有异步复位功能的 D 触发器。

```
module mydff_if(clk,rst,d,q);
    input clk,rst,d;
    output q;
    reg q;
    always @(posedge clk,negedge rst) begin
        if(!rst)    q<=0;
        else    q<=d;
    end
endmodule
```

综合结果如图 4-5 所示。

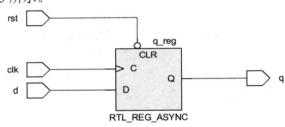

图 4-5 例 4-7 的综合结果

上述电路设计涉及的知识点有 if 条件语句和异步复位。

下面对这些知识点进行说明。

(1) 异步复位。

always @(posedge clk,negedge rst) 语句表示只有在 clk 上升沿或者 rst 下降沿才开始执行 always 语句块，否则不执行。所以，D 触发器的复位为异步复位。

这种带有异步复位的时序逻辑电路的写法可作为时序逻辑电路设计的模板。

(2) if 条件语句。

三种形式的 if 语句中，if 后面都有"表达式"，一般为逻辑表达式或关系表达式。系统对表达式的值进行判断，若为 1，则按"真"处理；否则按"假"处理，执行指定的语句。

三种形式的 if 语句中，语句后都有分号。这是由于分号是 Verilog HDL 语句中不可缺少的部分，这个分号是 if 语句中的内嵌套语句所要求的。但应注意，不要误认为 if 和 else 是两个语句，其实它们都属于同一个 if 语句。else 子句不能作为语句单独使用，它必须是 if 语句的一部分，且与离它最近的 if 配对使用。

例 4-7 中的程序使用了第 2 种 if 语句形式——if…else 的条件语句，在时钟上升沿的时刻，首先判断复位信号 rst 是否有效，若有效则将 D 触发器输出置 0，否则将数据 d 赋予 D

触发器输出。

if (!rst)等同于 if(rst= =0)，Verilog 允许这些形式的表达式简写方式。

在 if 和 else 后面可以包含一个语句，也可以有多个操作语句，此时用 begin 和 end 这两个关键词将几个语句包含起来成为一个复合块语句。例如：

```
if(a>b)begin
    out1<=int1;
    out2<=int2;
end
elsebegin
    out1<=int2;
    out2<=int1;
end
```

注意：end 后不需要加分号。因为 begin…end 内是一个完整的复合语句，不需再附加分号。

(3) if 语句的嵌套。

在 if 语句中又包含一个或多个 if 语句，称为 if 语句的嵌套。if 语句嵌套的一般形式如下：

```
if(expression1)
    if(expression2) 语句 1
    else     语句 2
else
    if(expression3) 语句 3
    else     语句 4
```

进行电路设计时应注意 if 与 else 的配对关系，else 总是与它上面距离最近的 if 配对。如果 if 与 else 的数目不一样，则为了实现程序设计者的意图，可以用 begin…end 块语句来确定配对关系。例如：

```
if(    )begin
    if(    ) 语句 1
end
else
    语句 2
```

这时 begin_end 块语句限定了内嵌 if 语句的范围，因此 else 与第一个 if 配对。注意 begin_end 块语句在 if_else 语句中的使用。

二、case 多路分支语句

case 语句是一种多分支选择语句，基本的 if 语句只有两个分支可供选择，而实际设计中常常需要用到多分支选择，Verilog 语言提供的 case 语句可直接处理多分支选择。case 语句的一般形式如下：

```
case(表达式)          <case 分支项>   endcase
```

case 分支项的一般格式如下：

　　分支表达式:　　　　　语句;

　　缺省项(default 项):　语句;

　　case 后面( )内的表达式称为控制表达式，case 分支项中的表达式称为分支表达式。控制表达式通常表示为控制信号的某些位，分支表达式则用这些控制信号的具体状态值来表示，因此，分支表达式又称为常量表达式。

　　当控制表达式的值与分支表达式的值相等时，就执行分支表达式后面的语句。如果所有的分支表达式的值都没有与控制表达式的值相匹配，就执行 default 后面的语句。

　　default 项可有可无，一个 case 语句里只允许有一个 default 项。

　　下面是一个简单的使用 case 语句的例子。

　　【例 4-8】 使用 case 语句实现四功能的算术逻辑单元(ALU)设计，其输入信号 a、b 均为 4 位，功能选择信号 sel 为 2 位，输出信号 out 为 5 位，具体关系如表 4-1 所示。

表 4-1　ALU 功能表

sel 信号	功　能
2'b00	out = a+b
2'b01	out = a-b
2'b10	out = a<<b
其他	out = a%b

Verilog HDL 的实现代码如下：

```verilog
module alu_case(a,b,sel,out);
    input[3:0] a,b;
    input[1:0] sel;
    output reg[4:0] out;
    always @(a,b,sel) begin
        case(sel)
            2'b00: out=a+b;
            2'b01: out=a-b;
            2'b10: out=a<<b;
            default: out=a%b;
        endcase
    end
endmodule
```

例 4-8 的功能仿真结果如图 4-6 所示。

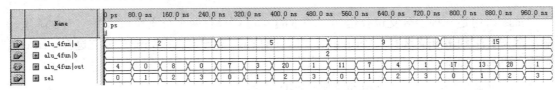

图 4-6　例 4-8 的功能仿真结果

上述电路设计涉及的知识点有 case 语句和锁存器。

下面对这些知识点进行说明。

(1) case 语句。

在用 case 语句表达式进行比较的过程中，只有当信号的对应位的值能明确进行比较时，比较才能成功，因此应详细说明 case 分项的分支表达式的值。case 语句的所有表达式的值的位宽必须相等，只有这样控制表达式和分支表达式才能进行对应位的比较。

每一个 case 分项的分支表达式的值必须互不相同，否则就会出现矛盾现象(对表达式的同一个值有多种执行方案，对应到实际的电路，则会表现出电路不稳定)。

执行完 case 分项后的语句后，跳出该 case 语句结构，终止 case 语句的执行。

(2) 锁存器。

如果条件语句或多路分支语句使用不当，则会在设计中生成原本没有的锁存器。

对于多路选择语句使用不当的示例如下：

```
always @(sel or a or b)
    case(sel)
        2'b00:   q<=a;
        2'b11:   q<=b;
    endcase
```

上述 case 语句的功能是：在某个信号 sel 取不同的值时，会给另一个信号 q 赋不同的值。always 块中说明：如果 sel = 0，q 取 a 值；而当 sel = 2'b11，q 取 b 的值。如果 sel 取 2'b00 和 2'b11 以外的值时，在 always 块内，默认为 q 保持原值，这样就自动生成了锁存器。

如果希望当 sel 取 2'b00 和 2'b11 以外的值时 q 赋为 0，则 default 就必不可少了，如下例所示。

```
always @(sel or a or b)
    case(sel)
        2'b00:   q<=a;
        2'b11:   q<=b;
        default: q<='b0;
    endcase
```

程序中的 case 语句有 default 项，指明如果 sel 不取 2'b00 或 2'b11 时，编译器或仿真器应赋给 q 的值。整个 Verilog 程序模块综合出来后，always 块对应的部分不会生成锁存器。也就是说，在多路分支语句中使用 default 语句，可避免生成锁存器。

对于条件语句使用不当的示例如下：

```
always @(a or d)   begin
    if(a)q<=d;
end
```

上述 always 语句块中，if 语句说明当 a = 1 时，q 取 d 的值。当 a = 0 时，没有定义 q

的取值。在 always 块内，如果在给定的条件下变量没有赋值，这个变量将保持原值，也就是说会生成一个锁存器。

如果希望当 a = 0 时 q 的值为 0，else 项就必不可少，如下例所示。整个 Verilog 程序模块综合出来后，always 块对应的部分不会生成锁存器。

```
always @(a or d) begin
    if(a) q<=d;
    else   q<=0
end
```

以上示例介绍了怎样来避免偶然生成锁存器的错误。如果使用 if 语句，应写上 else 项；如果使用 case 语句，则应写上 default 项。遵循上面两条原则，就可以避免发生生成锁存器的错误，使设计者更加明确设计目标，同时也增强了 Verilog 程序的可读性。

下面分别使用 if-else 语句和 case 语句来实现四选一多路选择器，以使读者体会两种语句的差别与联系。

【例 4-9】　四选一多路选择器。

```
module mux4(in0,in1,in2,in3,sel,out_if,out_case);
    input in0,in1,in2,in3;
    input[1:0] sel;
    output reg out_if,out_case;
    //使用 if
    always@(*) begin
        if(sel==2'b00) out_if=in0;
        else if(sel==2'b01) out_if=in1;
        else if(sel==2'b10) out_if=in2;
        else out_if=in3;
    end
    //使用 case
    always@(*) begin
        case(sel)
            2'b00:   out_case = in0;
            2'b01:   out_case = in1;
            2'b10:   out_case = in2;
            2'b11:   out_case = in3;
            default:   out_case = in0;
        endcase
    end
endmodule
```

综合得出的电路图如图 4-7 所示。

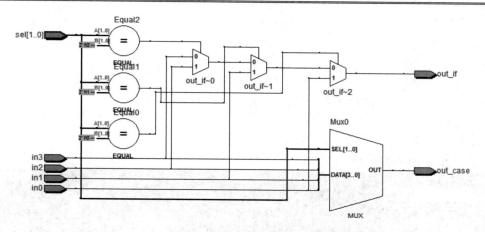

图 4-7   例 4-9 综合得出的电路图

例 4-9 对应的测试代码如例 4-10 所示。

【例 4-10】 四选一多路选择器测试台。

```
//测试台:直接看仿真波形
module mux4_tb();
    reg in0,in1,in2,in3;
    reg[1:0] sel;
    wire out_if,out_case;
    mux4 DUT(in0,in1,in2,in3,sel,out_if,out_case);
    //in0
    initial begin
        in0 =0;
        forever #5 in0 = ~in0;
    end
    //in1
    initial begin
        in1 =10;
        forever #10 in1 = ~in1;
    end
    //in2
    initial begin
        in2 =0;
        forever #20 in2 = ~in2;
    end
    //in3
    initial begin
        in3 =0;
        forever #40 in3 = ~in3;
```

```
        end
    //sel
    initial begin
        sel = 0;
        forever #160 sel = sel+1;
    end
    endmodule
```

仿真波形如图 4-8 所示。

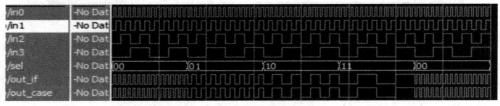

图 4-8　例 4-10 仿真波形

从图 4-8 的仿真波形可以看出，out_if 和 out_case 在相同输入激励的情况下，输出波形完全一致，这说明 case 语句与 if/else 语句是可以很容易地相互转换。

例 4-10 使用 if-else 语句实现 out_if，使用 case 语句实现 out_case。从综合得到的电路图来看，虽然电路结构差异较大，但实现的功能都是四选一多路选择器，条件和输出都一样。

上述电路设计和电路仿真中涉及的知识点是：if 条件语句、case 语句、选择语句、锁存器。

三、选择语句总结

选择语句包括 if-else 语句和 case 语句，是可综合电路设计中最常使用的语句。选择语句必须在 initial 和 always 语句块中使用。在 always 语句块内，如果在给定的条件下变量没有赋值，这个变量将保持原值，也就是说会生成一个锁存器。

下面对选择语句的使用作一些总结。

(1) 选择语句。

条件语句 if 和多路分支语句 case 只能用在 always 语句块中，也就是只能用在行为建模中。

if 条件语句和 case 语句都属于选择语句。case 语句与 if…else 语句可以很容易地相互转换，但与 case 语句中的控制表达式和多分支表达式的结构相比，if…else 结构中的条件表达式更为直观一些。

case 语句经常用于实现基于真值表的组合逻辑电路设计和基于状态机的时序逻辑电路设计。

(2) 锁存器。

前面在介绍 case 语句时已经介绍了锁在器的知识点，下面对该知识点作一个总结。

if-else 和 case 这两种分支语句经常会产生 Latch。Latch 就是锁存器，是一种在异步电路系统中，对输入信号电平敏感的单元，用来存储信息。锁存器在数据未锁存时，输出端的信号随输入信号变化，就像信号通过一个缓冲器，一旦锁存信号有效，则数据被锁存，输入信号不起作用。

可能产生 Latch 的几种情况包括：

① 组合逻辑中 if-else 条件分支语句缺少 else 语句。

② 组合逻辑中 case 条件分支语句条件未完全列举，且缺少 default 语句。

③ 组合逻辑中输出变量赋值给自己。

解决办法如下：

① if-else 要涵盖所有可能。

② case 语句列举所有条件，如果不能列出所有条件，则应添加 default 语句。

(3) 选择语句的使用原则。

硬件电路设计过程中，对变量赋值应考虑各种情况，即针对各种情况变量的结果都要进行明确的说明。下面用两段代码完成同一功能的示例来进行说明。

推荐的设计代码如下：

```
always@(posedge clk,negedge rst) begin
    if(!rst) cnt<=0;
    else begin
        if(cnt==10) cnt<=0;
        else cnt<=cnt+1;
    end
end
```

不推荐的设计代码如下：

```
always@(posedge clk,negedge rst) begin
    if(!rst) cnt<=0;
    else begin
        cnt<=cnt+1;
        if(cnt==10) cnt<=0;
    end
end
```

上面的示例中，两段代码都是正确的。但推荐的设计代码说明了在各种情况下 cnt 的取值；而不推荐的设计代码中没有明确说明各种情况下 cnt 的取值，需要读者进一步分析代码，才能理解 cnt 的变化情况。

任务 4.4　循 环 语 句

在 Verilog HDL 中常用的可综合的循环语句有 repeat 和 for，用来控制执行语句的执行次数。

repeat 用于将一条语句连续执行 n 次。

for 通过以下三个步骤来决定语句的循环执行：

① 先给控制循环次数的变量赋初值。

② 判定控制循环的表达式的值，如为假，则跳出循环语句；如为真，则执行指定的循环语句后，转到第③步。

③ 执行一条赋值语句来修正控制循环变量次数的变量的值，然后返回第②步。

下面对两种循环语句进行详细的介绍。

一、for 语句

for 语句的一般形式为

　　　　for(表达式 1；表达式 2；表达式 3) 语句;

它的执行过程如下：

(1) 求解表达式 1。

(2) 求解表达式 2，若其值为真(非 0)，则执行 for 语句中指定的内嵌语句，然后执行下面的第(3)步。若为假(0)，则结束循环，转到第(5)步。

(3) 若表达式为真，在执行指定的语句后，求解表达式 3。

(4) 转回上面的第(2)步，继续执行。

(5) 执行 for 语句下面的语句。

下面使用 for 循环语句实现由加法运算来完成乘法运算的功能。

【例 4-11】　使用 for 循环语句实现一个参数化的多位乘法器。

```verilog
module mult_for( result, op_a, op_b);
    parameter size = 4;
    input [size:1] op_a, op_b;
    output reg[2* size:1] result;
    always @( op_a or op_b)
      begin:mult
            integer j;
            result=0;
            for( j=1; j<=size; j=j+1 )
                if(op_b[j])
                    result = result + (op_a<<(j-1));
        end
    endmodule
```

综合得到的电路图如图 4-9 所示。

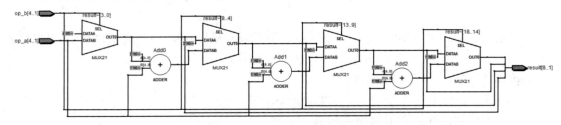

图 4-9　例 4-11 综合后的电路图

上述电路设计中涉及的知识点有 for 语句和 begin/end 顺序块。

下面对这些知识点进行说明。

(1) for 语句。

for 语句用于循环操作,例 4-11 就是采用了加法和移位这个循环操作来实现乘法的。在 for 语句中,循环变量的增值表达式可以不必是一般的常规加 1 或减 1 表达式。

(2) begin/end 顺序块。

begin/end 块语句相当于复合语句,可以看作一条语句。

若在顺序块中定义变量,则需要给顺序块命名,如例 4-11 中的顺序块命名为 mult。

例 4-11 在命名顺序块中定义的变量 j,一方面用作循环计数,另一方面也用作移位运算符的操作数。

二、repeat 语句

repeat 语句的格式如下:

　　　　repeat(表达式) 语句;

或

　　　　repeat(表达式)　begin 多条语句 end

下面的示例中使用 repeat 循环语句实现例 4-11 同样的功能。

【例 4-12】 使用 repeat 循环语句及加法和移位操作来实现一个参数化的多位乘法器。

```verilog
module mult_repeat( result, op_a, op_b);
    parameter size = 4;
    input [size:1] op_a, op_b;
    output reg[2* size:1] result;
    always @( op_a or op_b)
      begin:mult
        integer j;
        result = 0;
        j=1;
        repeat (size) begin
            if(op_b[j])
                result = result + (op_a<<(j-1));
            j=j+1;
        end
      end
endmodule
```

例 4-12 综合得到的电路图跟使用 for 循环中例 4-11 得到的电路图完全一致。

上述电路设计中涉及的知识点是 repeat 语句。

下面对这些知识点进行说明。

(1) 例 4-12 使用 repeat 循环来代替 for 循环来实现乘法功能,二者的原理相同,但在实现形式上有所区别。

(2) 在 repeat 语句中，其表达式通常为常量表达式。repeat (size)中表达式 size 的值为常值 4。

下面使用 for 循环语句来实现 8 位移位寄存器。

【例 4-13】　8 位移位寄存器。

```
//使用两种方法实现，一种是非阻塞赋值法，另一种是用 for 语句实现
module shiftreg8(clk,rst,d,q1,q2);
    input clk,rst,d;
    output reg[7:0] q1,q2;    //q1 普通方法实现, q2 使用 for 语句实现
    //实现 q1
    always@(posedge clk,negedge rst) begin
        if(!rst) q1<=0;
        else begin
            q1[7:1]<=q1[6:0];
            q1[0]<=d;
        end
    end
    //实现 q2
    integer i;
    always@(posedge clk,negedge rst) begin
        if(!rst) q2<=0;
        else begin
            for(i=1;i<8;i=i+1) q2[i]<=q2[i-1];
            q2[0]<=d;
        end
    end
endmodule
```

程序说明如下：

(1) 例 4-13 使用两种方法实现 8 位移位寄存器，其中 q1 使用普通方法实现，q2 使用 for 语句实现。两种方法原理相同，便于读者理解 for 语句的功能。

(2) 例 4-13 使用了 for 语句，读者可以很方便地使用 repeat 进行替换。

(3) 综合得到的电路图如图 4-10 所示。

(4) 上述设计的测试代码如例 4-14 所示。

【例 4-14】　8 位移位寄存器测试台。

```
module shiftreg8_tb;
```

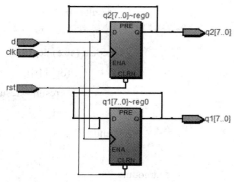

图 4-10　例 4-13 综合后的电路图

```
reg clk,rst,d;
wire[7:0] q1,q2;
shiftreg8 DUT(clk,rst,d,q1,q2);
initial begin
    d<=0;
    forever #10 d <= ($random)%2;
end
//clk 激励
initial begin
    clk<=0;
    forever #5 clk<=~clk;
end
//rst 激励:rst 有效期间有 clk 上升沿
initial begin
    rst<=1;
    #7 rst<=0;
    #10 rst<=1;
end
endmodule
```

与仿真代码相应的仿真波形如图 4-11 所示。

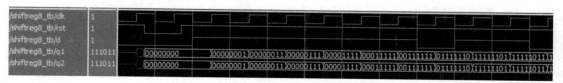

图 4-11　例 4-14 仿真代码

从图 4-11 的仿真波形图可以看出，移位寄存器设计正确。

上述电路设计和电路仿真中涉及的知识点是循环语句、组合逻辑。

下面对这些知识点进行说明。

(1) 循环语句。

for 语句、repeat 语句都是可综合的循环语句，都用于循环操作，并且在实际应用中两者可以互相替换。

(2) 组合逻辑。

循环语句实现的是组合逻辑电路，会耗用大量的硬件资源和时间。循环语句完成的功能越复杂，则该组合逻辑耗用的时间就越多，会大大降低系统的工作频率。为了提高系统的工作频率，读者在设计中应尽量避免使用循环语句。

三、循环语句总结

Verilog HDL 是一种硬件描述语言，如果期望在代码中实现，则需要 EDA 工具将其翻译成基本的门逻辑，而在硬件电路中并没有循环电路的原型，因此，在使用循环语句时应时刻注意其可综合性。

　　循环语句包括可综合的和不可综合的。for 语句、repeat 语句都是可综合的循环语句；while 语句是不可综合的循环语句。电路设计需要使用可综合的循环语句，而使用最多的是 for 语句，其他可综合的循环语句使用较少。因此，在可综合的设计中，建议读者仅使用 for 循环语句。

　　对于硬件电路来说，循环语句属于组合逻辑，会耗费大量的硬件资源。因此，在设计电路时应较少使用。

　　设计电路时需考虑面积和速度这两个因素，如果要提高电路的工作频率，通常是将循环语句转换成状态机建模或者流水线建模来完成相应的功能。另外，对于不可综合循环语句 while，实现的功能也可以采用类似的处理办法予以综合实现。

　　循环语句使用的指导原则是：虽然基于循环语句的 Verilog HDL 设计显得相对简单，且阅读起来比较容易，但面向硬件和软件设计的关注点是不一样的，硬件设计并不追求代码的短小，而是设计的时序、面积和性能等特征。在电路设计中应使用状态机建模或者流水线建模来代替 for 循环。

任务 4.5　块语句(begin/end)

关键字 begin 和 end 用于将多条语句组成顺序块。顺序块的格式如下：

```
begin
    语句 1;
    语句 2;
    …
    语句 n;
end
```

或

```
begin:块名
    块内声明语句
    语句 1;
    语句 2;
    …
    语句 n;
end
```

其中，块名即该块的名字，是一个标识名。块内声明语句可以是参数声明语句、reg 型变量声明语句、integer 型变量声明语句、real 型变量声明语句等。

　　块语句通常用来将两条或多条语句组合在一起，使它们更像一条语句，类似于 C 语言中的复合语句。Verilog 语言中可综合的块语句为顺序块，关键字 begin 和 end 用于将多条语句组成顺序块。

顺序块具有以下特点：

(1) 顺序块中的语句是一条接一条按顺序执行的，只有前面的语句执行完成之后才能执行后面的语句(非阻塞赋值语句除外)。

(2) 嵌套块：块可以嵌套使用。

(3) 命名块：块可以具有自己的名字，称之为命名块。在命名块中可以声明局部变量，命名块是设计层次的一部分，命名块中声明的变量可以通过层次名引用进行访问。

下面是一个使用命名块的示例，其功能是使用异或运算符对 D 完成缩位异或，并检测 D 中 1 的个数。

【例 4-15】 完成使用异或运算符对 D 完成缩位异或运算和检测 D 中 1 的个数这两个功能。

```verilog
module named_block(D,xnor_D,CountOnes);
    input[3:0] D;
    output reg xnor_D;
    output reg[2:0] CountOnes;
    always @(D)
        begin : block1
            xnor_D = 0;
            CountOnes = 0;
            begin : xor_block
                integer I;
                for (I = 0; I < 4; I = I + 1)
                    xnor_D = xnor_D ^ D[I];
            end // 循环
            begin : Count_block
                integer J;
                for (J=0; J<4; J=J+1)
                    if (D[J])
                        CountOnes = CountOnes + 1;
            end
        end
endmodule
```

程序说明如下：

(1) 本例使用了 for 循环语句对 D 的各位进行运算。

(2) 本例使用了 begin/end 块语句。块语句相当于复合语句，可以看作一条语句。

(3) 本例定义了 3 个命名块。其中，块 block1 和块 xor_block、块 Count_block 是嵌套关系。块 xor_block 的功能是完成缩位异或，块 Count_block 的功能是完成检测 D 中 1 的个数。

(4) 在命名块 xor_block 中声明的局部变量 I 和在命名块 Count_block 中声明的局部变量 J，都用于循环计数。需要说明的是，如果在块中使用局部变量，则必须对该块进行命名。

任务 4.6　任务和函数语句

一、task 语句

task 和 function 说明语句分别用来定义任务和函数。利用任务和函数可以把一个较大的程序模块分解成多个较小的任务和函数，以便于理解和调试。输入/输出和总线信号的值可以传入/传出任务和函数。任务和函数往往是大的程序模块中在不同地点多次用到的相同的程序段。学会使用 task 和 function 语句可以简化程序的结构，使程序明白易懂，是读者编写较大型模块的基本功。

Verilog HDL 函数和任务在综合时被理解成具有独立运算功能的电路，每调用一次函数和任务就相当于改变这部分电路的输入，以得到相应的计算结果。

下面分别通过任务和函数来实现对输入数进行按位逆序后输出。

【例 4-16】　用任务实现输入数据按位逆序后输出的功能。

```
module    task_ex(clk,D,Q);
  parameter MAX_BITS=8;
  input clk;
  input [MAX_BITS:1]   D;
  output reg [MAX_BITS:1]   Q;
  task reverse_bits;
      input [MAX_BITS:1] data;
    output [MAX_BITS:1] result;
    integer K;
    for (K=0; K<MAX_BITS; K=K+1)
        result[MAX_BITS-K]= data[K+1];
  endtask
  always @ (posedge clk)
        reverse_bits (D,Q);
endmodule
```

程序说明如下：

(1) 本例说明了怎样定义任务和调用任务。开始于 task 而结束于 endtask 的部分定义了一个任务。定义的任务语法如下：

```
task <任务名>;
  <端口及数据类型声明语句>
  <语句 1>
```

```
            <语句 2>
            ...
            <语句 n>
        endtask
```

这些声明语句的语法与模块定义中对应的声明语句的语法是一致的。

(2) reverse_bits (D,Q);的功能是调用任务并传递输入/输出变量给任务。调用任务并传递输入/输出变量的声明语句的语法如下：

        <任务名>(端口 1，端口 2，…，端口 n);

本例中，任务调用变量(D, Q)和任务定义的 I/O 变量(data，result)之间是一一对应的。当任务启动时，由 D 传入的变量赋给了 data，而当任务完成后的输出又通过 result 赋给了 Q。

(3) 如果传给任务的变量值和任务完成后接收结果的变量已定义，则可以用一条语句启动任务。任务完成以后，控制会传回启动过程。

二、function 语句

使用任务完成的可综合的模块也可以由函数来实现。例 4-17 就是使用函数对例 4-16 进行了重新改写。

【例 4-17】 用函数实现输入数据位逆序后输出的功能。

```
module       function_ex(clk,D,Q);
   parameter MAX_BITS=8;
   input clk;
   input [MAX_BITS:1]   D;
   output reg [MAX_BITS:1]   Q;
   function[MAX_BITS:1] reverse_bits;
      input [MAX_BITS:1] data;
      integer K;
      for (K=0; K<MAX_BITS; K=K+1)
          reverse_bits[MAX_BITS-K]= data[K+1];
   endfunction
   always @ (posedge clk)
       Q<=reverse_bits (D);
endmodule
```

程序说明如下：

(1) 本例说明了怎样定义函数和调用函数。开始于 function 而结束于 endfunction 的部分定义了一个函数。定义的函数语法如下：

    function <返回值的类型或范围> (函数名);
        <端口说明语句>

```
<变量类型说明语句>
begin
<语句>
…
end
endfunction
```

注意：<返回值的类型或范围>这一项是可选项，如缺省，则返回值为一位寄存器类型数据。

这些声明语句的语法与模块定义中对应的声明语句的语法是一致的。

(2) Q<=reverse_bits (D);的功能是调用函数并传递输入变量给函数，函数的调用是通过将函数作为表达式中的操作数来实现的。在函数中，reverse_bits 被赋予的值就是函数的返回值。

函数的定义声明了与函数同名的、函数内部的寄存器。如果在函数的声明语句中<返回值的类型或范围>为缺省，则这个寄存器是一位的，否则是与函数定义中<返回值的类型或范围>一致的寄存器。函数的定义把函数返回值所赋值寄存器的名称初始化为与函数同名的内部变量。

调用函数并传递输入/输出变量的声明语句的语法如下：

```
<函数名> (<表达式><,<表达式>>*)
```

其中，函数名作为确认符。

本例中，函数调用变量(D，Q)和函数定义的 I/O 变量(data，reverse_bits)之间是一一对应的。当函数启动时，由 D 传入的变量赋给了 data，而函数完成后的输出又通过 reverse_bits 赋给了 Q。

(3) 如果传给函数的变量值和函数完成后接收结果的变量已定义，则可以用一条语句启动函数。函数完成后，控制会传回启动过程。

例 4-16 和例 4-17 两个示例对应的仿真代码如例 4-18 所示。

【例 4-18】　函数和任务的测试代码。

```
module function_task_tb;
    parameter MAX_BITS=8;
    reg    clk;
    reg[MAX_BITS:1] D;
    wire[MAX_BITS:1] Q1,Q2;
    function_ex U1(clk,D,Q1);
    task_ex U2(clk,D,Q2);
    //clk
    initial begin
        clk = 0;
        forever #5 clk = ~clk;
    end
```

```
//D
initial begin
    forever #10 D= ($random)%256;
end
endmodule
```

仿真波形如图 4-12 所示。

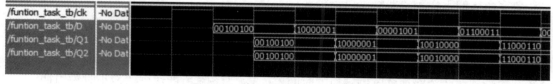

图 4-12 例 4-18 对应的仿真波形

从图 4-12 的仿真波形可以看出，两个示例均实现了位逆序的功能。

上述电路设计和电路仿真中涉及的知识点有 task 语句、function 语句。

下面对这些知识点进行说明。

(1) 任务和函数的相同点。

任务和函数在完成一些电路或者功能实现时是可以相互替换的(如例 4-18)，使用时应注意两者在输入和输出时的一些规则。

(2) 任务和函数的区别。

① 任务能调用其他函数，而函数不能调用任务。

② 函数只能与主模块共用同一个仿真时间单位，而任务可以定义自己的仿真时间单位。

③ 函数至少要有一个输入变量，而任务可以没有或有多个任何类型的变量。

④ 任务可以启动其他的任务，其他任务又可以启动别的任务，可以启动的任务数是没有限制的。不管有多少任务启动，只有当所有的启动任务完成以后，控制才能传回启动过程。

⑤ 函数的目的是通过返回一个值来响应输入信号的值。任务却能支持多种目的，计算多个结果值，而这些结果值只能通过被调用的任务的输出或总线端口输出。

⑥ Verilog HDL 模块使用函数时是把它当作表达式中的操作符，这个操作符的结果值就是这个函数的返回值。也就是说，函数返回一个值，而任务则不返回值。

例如，定义一个任务或函数，对一个 16 位的字进行操作让高字节与低字节互换，把它变为另一个字(假定这个任务或函数名为 switch_bytes)。

任务返回的新字是通过输出端口的变量，因此，16 位字字节互换任务的调用方法为 switch_bytes(old_word,new_word);。任务 switch_bytes 把输入 old_word 的高、低字节互换放入 new_word 端口输出。

而函数返回的新字是通过函数本身的返回值，因此，16 位字高、低字节互换函数的调用方法为 new_word = switch_bytes(old_word);。

与任务相比，函数的使用有较多的约束。例如，函数的定义不能包含任何的时间控制语句，即任何用 #、@或 wait 来标识的语句；函数不能启动任务；定义函数时至少要有一个输入参量；在函数的定义中必须有一条赋值语句给函数中的一个内部变量赋以函数的结果值，该内部变量具有和函数名相同的名字。

虽然任务和函数是可综合的，但在实际应用中，为了保证代码的简洁性、可读性和可理解性，建议初学者慎用或少用。

任务 4.7　流水线设计

数字系统的工作频率要满足以下公式：

$$T_{clk} \geq T_{co} + T_{logic} + T_{routing} + T_{su} - T_{skew}$$

其中，T_{co} 为发端寄存器 Q 时钟到输出时间；T_{logic} 为组合逻辑延迟；$T_{routing}$ 为两级寄存器之间的布线延迟；T_{su} 为接收端寄存器建立时间；T_{skew} 为两级寄存器的时钟歪斜，其值等于时钟统一边沿到达两个寄存器时钟端口的时间差；T_{clk} 为系统所能达到的最小时钟周期。

该公式可结合图 4-13 来理解。

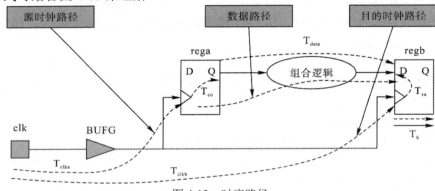

图 4-13　时序路径

因此，要提升系统的工作频率，就需要考虑降低不等式右边的值。

本任务所描述的流水线设计的主要目的就是降低组合逻辑延迟，从而提升整个数字系统的工作频率。

流水线工作原理可以用图 4-14 进行说明。

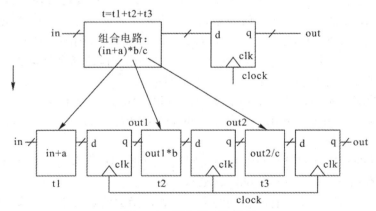

图 4-14　流水线工作原理

图 4-14 中，组合逻辑运算(in+a)*b/c 被拆分成 3 个运算。假设 in + a 的运算时间为 t1，out1*b 的运算时间为 t2，out2/c 的运算时间为 t3，则运算(in+a)*b/c 的运算时间为 t1 + t2 + t3。

显然，max(t1,t2,t3) < t1 + t2 + t3，这样就减少了寄存器间的组合逻辑延迟 T_{logic}，进而降低了系统所能达到的最小时钟周期 T_{clk}，也就是提升了系统的工作频率。

流水线通常将顺序执行的阻塞赋值计算转化为多周期完成的赋值，这样就将单步顺序计算拆分为多个并行计算，每步计算量减小，从而使所需要的时钟周期减小，也就是提升了系统的工作频率。

下面用一个示例来说明流水线设计的实现方式和特点。

【例 4-19】 用普通循环语句实现 $1 + 2 + 3 + \cdots + 9$。

```
//普通循环语句实现
module sum_10(clk,rst,en,sum);
  input clk,rst,en;
  output reg[5:0] sum;
  //完成求和
  reg[6:0] i;
  always@(posedge clk,negedge rst) begin
    if(!rst) sum<=0;
    else begin
      if(en) begin
        for(i=0;i<10;i=i+1) begin
          sum=sum+i;
        end
      end
    end
  end
endmodule
```

下面对例 4-19 电路设计代码作一些说明。

(1) 由于循环语句求和功能在一个时钟周期内即可完成，因此，需要增加一个使能信号 en，并且该信号的有效电平时间仅包含一个时钟上升沿，该信号有效时才进行求和操作。

(2) for 循环语句求和是组合逻辑电路，需要耗费的时间较长，因此，该设计的时钟 clk 的工作频率不能太高。

(3) 综合得到的电路图如图 4-15 所示。

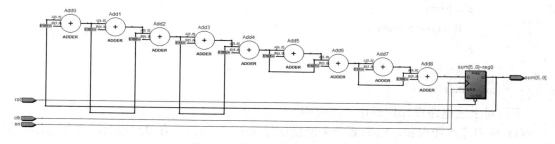

图 4-15 例 4-19 综合后的电路图

从图 4-15 中可以看出，组合逻辑是多个加法器的级联，耗时是每个加法器的运算时间之和。

【例 4-20】 用流水线建模实现 $1 + 2 + 3 + \cdots + 9$。

```verilog
//流水线实现
module sum_10_pipeline(clk,rst,en,sum);
    input clk,rst,en;
    output reg[5:0] sum;
    reg flag;
    //产生加数
    reg[3:0] i;
    always@(posedge clk,negedge rst) begin
        if(!rst) i<=0;
        else begin
            if(flag) begin
                if(i==11) i=11;
                else i=i+1;
            end
        end
    end
    //产生使能信号
    always@(posedge clk,negedge rst) begin
        if(!rst) flag<=0;
        else begin
            if(en) flag=1;
            else if(i==10) flag=0;
        end
    end
    //完成求和
    always@(posedge clk,negedge rst) begin
        if(!rst) sum<=0;
        else begin
            if(flag) sum=sum+i;
        end
    end
endmodule
```

下面对上述电路设计代码作一些说明。

(1) 使用流水线求和，也需要一个使能信号 en，当该信号有效时即启动求和操作。全部求和完成后，还需要一个结束标志 flag。

（2）flag 有效时，完成求和功能。flag 有效的标志是当 en 有效时，flag 无效的时候是加数超过 9 时。

（3）流水线求和是时序逻辑电路，将原来组合逻辑电路求和的时间分散到 10 个周期内进行，因此，该设计的时钟 clk 的工作频率相对较高。

（4）综合得到的电路图如图 4-16 所示。

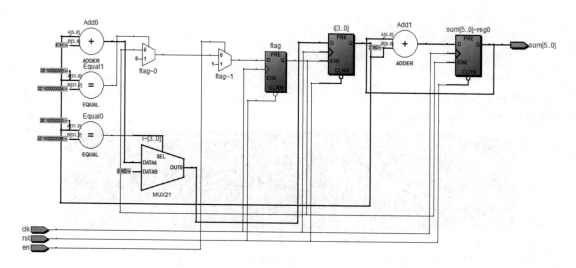

图 4-16 例 4-20 综合后的电路图

从图 4-16 中可以看出，每一级寄存器间的组合逻辑就是完成一次加法，但这需要多级寄存器。

【例 4-21】 测试代码。

```
//流水线测试台
module sum_10_tb;
    reg clk,rst,en;
    wire[5:0] sum1,sum2;
    //例化：位置关联
    sum_10              U1(clk,rst,en,sum1);
    sum_10_pipeline     U2(clk,rst,en,sum2);
    //clk 激励
    initial begin
        clk = 0;
        forever #5 clk = ~clk;
    end
    //rst 激励
    initial begin
        rst = 1;
        #7 rst = 0;
```

```
            #17 rst = 1;
        end
    //en 激励
    initial begin
        en = 0;
        #30 en = 1;
        #10 en = 0;
    end
endmodule
```

仿真波形如图 4-17 所示。循环语句实现的求和功能可以在一个时钟周期内完成，而流水线设计则需要 10 个时钟周期。

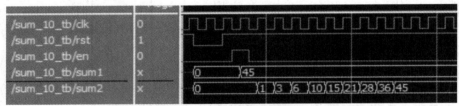

图 4-17   例 4-21 的仿真波形

上述电路设计和电路仿真中涉及的知识点有流水线、循环语句。

下面对这些知识点进行说明。

(1) 流水线。

本代码将两种实现方式在同一测试台进行输出结果对比。两种实现方式输入激励完全相同，因此，放在一起测试不会添加任何工作量，只需要多一个例化语句即可。同时，输出可以放在一起进行比较。

由于采用循环语句求和在一个时钟周期内完成，因此，使能信号 en 的有效电平时间包含一个时钟上升沿即可。

(2) 流水线的效果。

上述设计在没添加任何约束的情况下，在 Quartus II 软件上综合实现后，可以查看到最大工作频率。使用流水线的系统最大工作频率如图 4-18 所示。

Slow 1200mV 85C Model Fmax Summary			
Fmax	Restricted Fmax	Clock Name	Note
1	536.77 MHz	250.0 MHz	clk	limit due to minimum period restriction (max I/O toggle rate)

图 4-18   使用流水线系统的最大工作频率

没使用流水线的系统最大工作频率如图 4-19 所示

Slow 1200mV 85C Model Fmax Summary			
Fmax	Restricted Fmax	Clock Name	Note
1	155.96 MHz	155.96 MHz	clk	

图 4-19   没使用流水线系统的最大工作频率

由以上结果可知，使用流水线前后最大工作频率相差 3 倍多。这种查看最大工作频率的方法仅用于定性比较使用流水线前后的性能。不同的流水线，对系统性能的提升是不同的，需要单独分析。若想得到更加准确的最大工作频率，则需要进行精准的时序约束，包括系统时钟频率约束、输入时序约束、输出时序约束、管脚间时序约束等。

读者也可以使用 Vivado 得到最大工作频率。在 Vivado 软件中，要得到最大工作频率，需要先进行时钟约束，实现后即可查看最大工作频率。感兴趣的读者可自行实验，此处不再赘述。

(3) 流水线的优缺点。

采用流水线既会增大资源的使用，也可降低寄存器间的传播延时，保证系统维持高的系统时钟速度。因此，在实际应用中，需要综合考虑资源的使用和速度的要求，根据实际情况来选择流水线的级数，以满足设计需要。

利用流水线式的设计方法可大大提高系统的工作速度。这种方法可广泛应用于各种设计，特别是大型的、对速度要求较高的系统设计。

(4) 流水线和循环语句的关系。

可综合的循环语句在实现电路时会占用大量组合逻辑资源，因此，在面积紧张的情况下，可以考虑采用流水线来实现循环语句。

虽然，while 循环是不可综合的，但算法中如果有使用 while 循环才能实现的功能，则这部分功能可以用流水线技术来实现。

另外，从流水线的设计原理可以看出，使用 C 语言实现或验证某种算法后，可以很容易地使用 Verilog HDL 语言转换成硬件。通常情况下，使用 C 语言实现的软件功能都可以使用硬件来实现。

项 目 小 结

本项目讨论了以下知识点。

(1) 结构化过程语句 always。

(2) 过程赋值语句：

① 阻塞赋值语句。

② 非阻塞赋值语句。

(3) 选择语句：

① if 条件语句。

② case 多路分支语句。

(4) 循环语句：

① for 语句。

② repeat 语句。

(5) 块语句(begin…end)。

(6) 任务和函数语句。

(7) 流水线设计。

习 题 4

1. 设计一个 N 个人的表决器，其中 N 为奇数。

2. 设计一个八路数据选择器。要求：每路输入数据与输出数据均为 4 位二进制数，选择开关为 3 位，当选择开关或输入数据发生变化时，输出数据也相应地发生变化。

3. 设计一个字节(8 位)比较器，并进行仿真验证。要求：比较两个字节的大小，如 a[7:0] 大于 b[7:0]输出高电平，否则输出低电平。

4. 设计一个分频器，输入的频率为 20 分频，要求占空比为 70%。

5. 设计具有 5 个功能的功能模块，其输入信号 a 和 b 均为 4 位，功能选择信号 select 为 3 位，输出信号 out 为 8 位。功能单元所执行的操作与 select 信号有关，具体关系见表 4-2。

表 4-2 功 能 列 表

select 信号	功　　　能
3'b000	out=a+b
3'b001	out=a-b
3'b010	out=a*b
3'b011	out=max(a,b) a、b 中选大输出
3'b100	out=min(a,b) a、b 中选小输出

6. 设计一个实现 8 位 ALU 功能的函数，其输入为两个 8 位操作数变量 a 和 b，以及一个 3 位的选择信号 select，输出为 9 位变量 out，具体关系见表 4-3。

表 4-3 ALU 功能列表

select 信号	函数的输出
3'b000	a
3'b001	a+b
3'b010	a-b
3'b011	a/b
3'b100	a%b(余数)
3'b101	a<<1
3'b110	a>>1
3'b111	若 a>b，out=1，否则 out=0

7. 分别实现 8 位左移寄存器、8 位右移寄存器、8 位双向移位寄存器和 8 位循环移位寄存器。

8. 利用 20 MHz 的时钟，设计一个单周期形状如图 4-20 所示的周期波形。

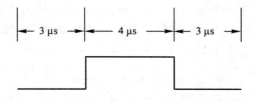

图 4-20　单周期波形

9. 分别使用任务和函数实现将 4 个输入数据按从小到大排序。

提示：下例使用了函数的实现方式，在理解下例代码的基础上，可以很容易地转换成任务来实现。

例如，将四个输入数据排序(使用函数实现)。

```verilog
module sort4_fun(ra,rb,rc,rd,a,b,c,d);
parameter N=2;
output reg[N:0] ra,rb,rc,rd;        //按大小顺序存放的四个数
input[N:0] a,b,c,d;                 //任意四个输入数
reg[N:0] ta,tb,tc,td;
always @ (a or b or c or d)
begin
    {ta,tb,tc,td}={a,b,c,d};
    {ta,tc}=sort2_fun(ta,tc); //ta 与 tc 互换
    {tb,td}=sort2_fun(tb,td); //tb 与 td 互换
    {ta,tb}=sort2_fun(ta,tb); //ta 与 tb 互换
    {tc,td}=sort2_fun(tc,td); //tc 与 td 互换
    {tb,tc}=sort2_fun(tb,tc); //tb 与 tc 互换
    {ra,rb,rc,rd}={ta,tb,tc,td};
end
function[2*N+1:0] sort2_fun;
    input[N:0] x,y;
    reg[N:0] tmp;
    if(x>y)
    begin
        tmp=x;                  //x 与 y 变量的内容互换
        x=y;
        y=tmp;
    end
    sort2_fun={x,y};
endfunction
endmodule
```

程序说明如下：

(1) a、b、c、d 为任意四个输入数，ra、rb、rc、rd 为按大小顺序排序后的四个数。

(2) 本例通过修改参数 N，可实现任意位数的 4 个数的排序输出。

(3) 本例的仿真波形如图 4-21 所示。从图 4-21 中可以看出，本程序实现了预定功能。

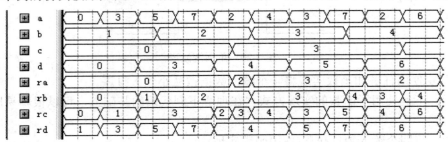

图 4-21　功能仿真波形图

项目 5　状态机建模

有限状态机及其设计技术是实用数字系统设计的重要组成部分，也是实现高效率、高可靠性逻辑控制的重要途径。

有限状态机广泛应用于硬件控制电路设计，它把复杂的控制逻辑分解成有限个稳定状态，在每个状态上判断并处理事件，变连续处理为离散数字处理。有限状态机虽然仅有有限个状态，但这并不意味着其只能进行有限次的处理，相反，有限状态机是闭环系统，有限无穷，可以用有限的状态处理复杂的事务。

使用状态机建模的电路有计数器、序列检测器等。

任务 5.1　同步有限状态机引例

状态机特别适合描述那些发生有先后顺序或者有逻辑规律的事情。状态机的本质就是对具有逻辑顺序或时序规律事件的一种描述方法，逻辑顺序和时序规律是状态机所要描述的核心和强项。换言之，所有具有逻辑顺序和时序规律的事情都适合用状态机来描述。

很多初学者不知道何时应用状态机，这里介绍一种应用思路：从状态变量入手。如果一个电路具有时序规律或者逻辑顺序，则自然而然地可对这个电路规划出状态，从这些状态入手，分析每个状态的输入、转移和输出，从而完成电路功能。使用状态机的目的是控制某部分电路，完成某种具有逻辑顺序或时序规律的电路设计。

其实对于逻辑电路而言，小到一个简单的时序逻辑，大到复杂的微处理器，都适合用状态机的方法进行描述。由于状态机不仅仅是一种电路描述工具，它更是一种思想方法，而且状态机的 HDL 语言表达方式比较规范，有章可循，所以很多有经验的设计者习惯用状态机的思想进行逻辑设计，对各种复杂设计都套用状态机的设计理念，从而提高设计的效率和稳定性。

下面通过一个典型时序逻辑电路的设计实例来引入有限状态机。

【例 5-1】　设计一个串行数据检测器。电路的输入信号 A 是与时钟脉冲同步的串行数据，其时序关系如图 5-1 所示。输出信号为 Y，要求电路在信号输入 A 出现 110 序列时输出信号 Y 为 1，否则为 0。

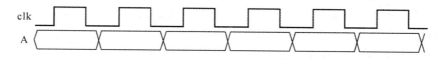

图 5-1　输入信号 A 与时钟信号的关系

这是一道典型的时序逻辑电路例题，其求解步骤如图 5-2 所示。

图 5-2　时序逻辑电路设计过程

下面详细介绍逻辑电路的设计步骤。

(1) 理解题意，由给定的逻辑功能建立原始状态图，如图 5-3 所示。

图 5-3 中，S 表示状态；A/Y 中斜杠左面的为输入，斜杠右面的为输出。

(2) 状态化简。

合并等价状态，消去多余状态的过程称为状态化简。所谓等价状态，就是指在相同的输入下有相同的输出，并转换到同一个次态的两个状态。显然，图 5-3 中的 a 和 d 是等价状态，可以合并。化简后的状态图如图 5-4 所示。

(3) 状态编码。

给每个状态赋以二进制代码的过程，称为状态编码。对图 5-4 的状态进行某种编码的结果如图 5-5 所示。

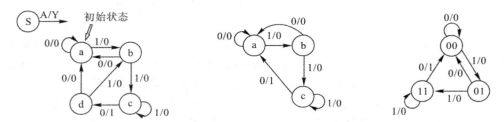

图 5-3　原始状态图　　　　图 5-4　化简后的状态图　　　　图 5-5　编码后的状态图

图 5-5 所示状态图对应的状态表如表 5-1 所示。

表 5-1　状　态　表

现态 $Q_1 Q_0$	$Q_1^{n+1} Q_0^{n+1} /Y$	
	A = 0	A = 1
00	00 / 0	01 / 0
01	00 / 0	11 / 0
11	00 / 1	11 / 0

(4) 选择触发器的个数和类型。

触发器个数可根据状态数确定，要求满足 $2^{n-1} < M \leqslant 2^n$。式中，M 为状态数，n 为触发器的个数。对于例 5-1，已知 M 为 3，所以可求出触发器的个数为 2。

触发器选择 D 触发器。

(5) 求出电路的激励方程和输出方程。

根据表 5-1 可列出状态转换真值表及激励信号，如表 5-2 所示。

表 5-2　状态转换真值表及激励信号

Q_1^n	Q_0^n	A	Q_1^{n+1}	Q_0^{n+1}	Y	激励信号	
						D_1	D_0
0	0	0	0	0	0	0	0
0	0	1	0	1	0	0	1
0	1	0	0	0	0	0	0
0	1	1	1	1	0	1	1
1	1	0	0	0	1	0	0
1	1	1	1	1	0	1	1

针对输出和激励信号，采用卡诺图化简，如图 5-6 所示。

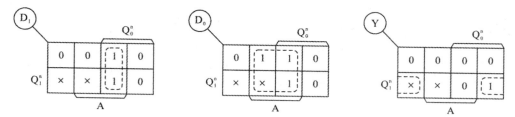

图 5-6　输出和激励信号的卡诺图

利用多余状态，卡诺图化简后的激励方程和输出方程为

$$D_1 = Q_0^n A, \quad D_0 = A, \quad Y = Q_1^n \overline{A}$$

(6) 画出逻辑图(见图 5-7)并检查自启动能力。

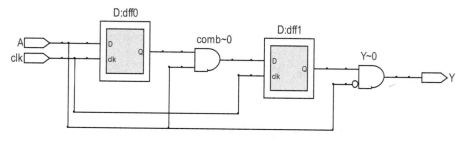

图 5-7　例 5-1 最终实现的电路图

经检查，该电路具有自启动能力。

至此，该串行数据检测器设计完毕。

使用状态机建模时，步骤(1)可理解为 Moore 状态机；步骤(2)可理解为 Mealy 状态机；步骤(3)为状态编码；步骤(4)~(6)不需要人工完成，由计算机来完成。

针对步骤(1)，可以使用 HDL 代码实现 Moore 状态机，如例 5-2 所示。

【例 5-2】　对应于例 5-1 中步骤(1)的同步状态机。

```
//单进程 Moore 状态机
module fsm_1(clk,rst,A,Y);
    input clk,rst,A;
```

```verilog
    output reg Y;
    reg[1:0] state;
    parameter s0=2'b00,        //状态编码为顺序编码方式
              s1=2'b01,
              s2=2'b10,
              s3=2'b11;
    always @ (posedge clk,negedge rst)
      if(!rst) state<=s0;
      else begin
        case(state)
            s0: begin
                    if(A) state<=s1;
                    else    state<=s0;
                        Y<=0;
            end
            s1: begin
                    if(A) state<=s2;
                    else    state<=s0;
                        Y<=0;
            end
            s2: begin
                    if(A) begin
                                state<=s2;
                                Y<=0;
                            end
                    else        begin
                                state<=s3;
                                Y<=0;
                            end
            end
            s3: begin
                        state<=s0;
                                Y<=1;
            end
            default: state<=s0;
        endcase
        end
endmodule
```

上述电路设计涉及的知识点有状态转移图、状态编码、多进程状态机、状态机建模。下面对这些知识点进行说明。

(1) 状态转移图。

例 5-2 对应的状态转移图如图 5-8 所示。

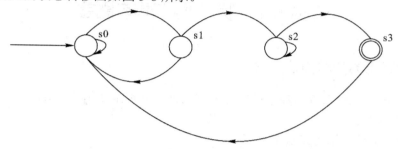

图 5-8　状态图

状态图的转换条件如表 5-3 所示。

表 5-3　状态图的转换条件

当前状态	次　态	条　件
s0	s0	A=0
s0	s1	A=1
s1	s0	A=0
s1	s2	A=1
s2	s2	A=1
s2	s3	A=0
s3	s0	不需要任何条件

(2) 状态编码。

parameter s0=2'b00, s1=2'b01, s2=2'b10, s3=2'b11; 是状态赋值语句，也就是状态编码。在 Verilog HDL 中，状态必须明确赋值，通常使用参数(parameters)或宏定义(define)语句加上赋值语句来实现。例 5-2 就是采用参数加上赋值语句来实现的。当然也可以采用宏定义的方式来实现，如可定义为

　　　　`define s0 2'b00

则意味着 s0 的状态码是 2'b00。在引用宏定义的状态时，需要使用符号 "`"。例如，程序中要使用状态 s0，则要写成`s0。

例 5-2 使用的状态编码方式为顺序编码，除了可使用这种编码方式之外，还可以使用独热编码、直接输出型编码、格雷编码等。

(3) 多进程状态机。

例 5-2 实现的状态机为单进程状态机，除此之外，还有双进程和多进程的实现方式。

(4) 状态机建模。

在进行电路设计时，通过数字电路的知识手工求解，难度稍大，也不能充分利用和体现 EDA 强大的功能；而使用状态机建模来实现设计，只需要根据题意，得出状态图，然后

直接使用硬件描述语言来描述状态图，无须利用过多的数字电路知识，充分利用了 EDA 强大的功能。

任务 5.2　状态机的基本概念

一、状态机的基本描述方式

在逻辑设计中，状态机的基本描述方式有三种，分别是使用状态转移图、状态转移列表、HDL 语言描述状态机。

(1) 使用状态转移图描述状态机。

状态转移图是描述状态机的最自然的方式。状态转移图经常用于在设计规划阶段定义逻辑功能，也可以用于分析代码中的状态机，通过图形化的方式有助于理解设计意图。

(2) 使用状态转移列表描述状态机。

使用状态转移列表描述状态机是用列表的方式描述状态机，是数字逻辑电路常用的描述方法之一。状态转移列表经常用于对状态进行化简。对于可编程逻辑设计，由于可用逻辑资源比较丰富，而且状态编码要考虑设计的稳定性、安全性等因素，所以并不经常使用状态转移列表优化状态。

(3) 使用 HDL 语言描述状态机。

使用 HDL 语言描述状态机是本章讨论的重点，使用 HDL 语言描述状态机既有章可循，又有一定的灵活性。通过一些规范的描述方法，可以使 HDL 语言描述的状态机更安全、稳定、高效，易于维护。在 Verilog HDL 中可以用多种方法来描述有限状态机，最常用的方法是用 always 块和 case 语句。

二、状态机的基本要素及分类

状态机有三个基本要素，分别是状态、输出和输入。

(1) 状态：也叫状态变量。在逻辑设计中，使用状态划分逻辑顺序和时序规律。比如，在设计空调控制电路时，可以将环境温度的不同作为状态。

(2) 输出：指在某一个状态时特定发生的事件。例如，设计空调控制电路中，如果环境温度高于设定温度环境限值，则控制电机正转进行降温处理；如果环境温度低于设定温度环境限值，则控制电机反转进行升温处理。

(3) 输入：指状态机中进入每个状态的条件。有的状态机没有输入条件，其中的状态转移较为简单；有的状态机有输入条件，当某个输入条件存在时才能转移到相应的状态。

根据状态机的输出是否与输入条件相关，状态机可分为两类：Moore 型状态机和 Mealy 型状态机。Mealy 型状态机的输出是状态向量和输入的函数，其结构如图 5-9(a)所示。也就是说，Mealy 型状态机的输出不仅依赖于当前状态，而且取决于该状态的输入条件。Moore 状态机的输出仅是状态向量的函数，结构如图 5-9(b)所示。也就是说，Moore 状态机的输出仅仅依赖于当前状态，而与输入条件无关。

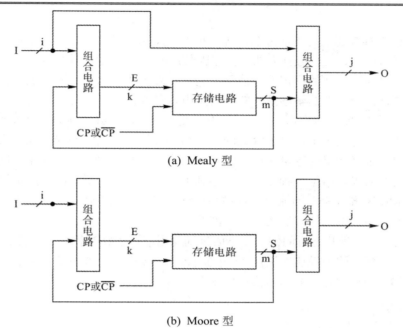

(a) Mealy 型

(b) Moore 型

图 5-9　状态机的分类

　　状态机可以按是否有一个公共的时钟控制(钟控)分为同步状态机和异步状态机,如果具有钟控则为同步状态机,反之则为异步状态机。根据状态机的数量是否为有限个,可将状态机分为有限状态机(Finite State Machine,FSM)和无限状态机(Infinite State Machine,ISM)。

三、单进程、双进程和多进程状态机

　　描述状态机时关键是要描述清楚状态机的要素,即如何进行状态转移,每个状态的输出是什么,状态转移是否和输入条件相关等。一个有限状态机可以被分成次态译码、状态寄存器、输出译码三个模块,也可以用五种不同的方式将这些模块分配到进程语句中,以实现对状态机的描述。

　　(1) 三个模块用一个进程实现。也就是说,3 个模块均在 1 个 always 块内,这种状态机描述称为单进程有限状态机。在单进程状态机中,既描述状态转移,又描述状态的寄存和输出。

　　(2) 每一个模块分别用一个进程实现。也就是说,3 个模块对应着 3 个 always 块,这种状态机描述称为三进程有限状态机。在三进程状态机中,一个 always 模块采用同步时序描述状态转移,另一个模块采用组合逻辑判断状态转移条件,描述状态转移规律,第三个 always 模块使用同步时序电路描述每个状态的输出。

　　(3) 次态译码、输出译码分配在一个进程中,状态寄存器用另一个进程描述。

　　(4) 次态译码、状态寄存器分配在一个进程中,输出译码用另一个进程描述。

　　(5) 次态译码用一个进程描述,状态寄存器、输出译码分配在另一个进程中。

　　在后三种状态机描述中,3 个模块对应着 2 个 always 块,这种状态机描述称为双进程

有限状态机。

　　对于上面 5 种描述状态机的方法，优先推荐采用第二种方法，其次推荐采用第四种方法，不推荐采用第一、三、五种方法。其原因是：FSM 和其他设计一样，最好采用同步时序方式设计，以提高设计的稳定性，消除毛刺。状态机实现后，一般来说，状态转移部分是同步时序电路，而状态的转移条件的判断是组合逻辑，第二种方法将同步时序和组合逻辑分别放到不同的 always 程序块中实现，不仅便于阅读、理解、维护，更重要的是有利于综合器优化代码，有利于用户添加合适的时序约束条件，有利于布局布线器实现设计。第四种方法将同步时序和组合逻辑放在一个 always 程序块中实现，代码简洁，同时可以达到与第二种相同的效果。而第一种方法描述不利于时序约束、功能更改、调试等，而且不能很好地表示 Mealy 型 FSM 的输出，容易写出锁存器，导致逻辑功能错误。第三、五种描述方法介于上述第一、二种方法之间，不推荐使用。

　　例 5-2 就是单进程状态机的例子。下面分别使用双进程状态机和三进程状态机(也就是状态机的第二种和第四种描述方法)对该例进行改写，如例 5-3 和例 5-4 所示。

　　【例 5-3】 使用双进程状态机实现例 5-2。

```verilog
///双进程 Moore 状态机
module fsm_2(clk,rst,A,Y);
    input clk,rst,A;
    output reg Y;
    reg[1:0] state;
    parameter s0=2'b00,
              s1=2'b01,
              s2=2'b10,
              s3=2'b11;
    //次态译码和状态寄存
    always @ (posedge clk,negedge rst)
      if(!rst) state<=s0;
      else begin
        case(state)
            s0: begin
                if(A) state<=s1;
                else    state<=s0;
            end
            s1: begin
                if(A) state<=s2;
                else    state<=s0;
            end
            s2: begin
                if(A) state<=s2;
                else state<=s3;
```

```
                    end
                s3: state<=s0;
                default: state<=s0;
            endcase
        end
    //输出
    always @ (posedge clk,negedge rst)
        if(!rst) Y<=0;
        else begin
            case(state)
                s3: Y<=1;
                default: Y<=0;
            endcase
        end
endmodule
```

程序说明如下：

(1) 例 5-3 采用了双进程状态机建模，使用了 2 个 always 块，第一个 always 块是产生下一个状态并进行状态寄存的时序逻辑，第 2 个 always 块是产生输出的时序逻辑，即状态译码和状态寄存是一个进程，输出是另一个进程。

(2) 这种风格的描述比较适合大型的状态机，比较容易查错和修改。

(3) 上述代码综合的电路图如图 5-10 所示。

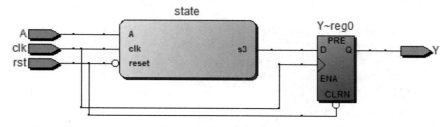

图 5-10　综合结果电路图

图 5-10 对应的状态转移图和状态转换条件与图 5-8 相同。

【例 5-4】　使用三进程状态机实现例 5-2。

```
//三进程 Moore 状态机
module fsm_3(clk,rst,A,Y);
    input clk,rst,A;
    output reg Y;
    reg[1:0] cur_state,next_state;
    parameter s0=2'b00,
                s1=2'b01,
                s2=2'b10,
```

```
                s3=2'b11;
      //状态寄存
  always @ (posedge clk,negedge rst)
    if(!rst) cur_state<=s0;
    else cur_state<=next_state;
      //次态译码：使用组合逻辑实现。如果使用时序逻辑，则会产生错误
  always @ (*)
    if(!rst) next_state<=s0;
    else begin
      case(cur_state)
          s0: begin
              if(A) next_state<=s1;
              else    next_state<=s0;
          end
          s1: begin
              if(A) next_state<=s2;
              else    next_state<=s0;
          end
          s2: begin
              if(A) next_state<=s2;
              else next_state<=s3;
          end
          default: next_state<=s0;
        endcase
      end
      //输出
  always @ (posedge clk,negedge rst)
    if(!rst) Y<=0;
    else begin
      case(cur_state)
          s3:   Y<=1;
          default: Y<=0;
        endcase
      end
  endmodule
```

程序说明如下：

(1) 例 5-4 使用了 3 个 always 块，第一个 always 块是状态寄存器，第 2 个 always 块是产生下一个状态的组合逻辑，第 3 个 always 块是产生输出的时序逻辑，即次态译码、状态寄存和输出分别设计成单独的进程。

(2) 这种风格的描述比较适合大型的状态机，比较容易查错和修改。

【例 5-5】 例 5-2、例 5-3 和例 5-4 的测试代码。

```
//状态机测试代码:同时测试 3 个状态机的实现代码
module fsm_tb;
  reg clk,rst,A;
  wire Y1,Y2,Y3;
  //例化：位置关联
    fsm_1 U1(clk,rst,A,Y1);
    fsm_2 U2(clk,rst,A,Y2);
    fsm_3 U3(clk,rst,A,Y3);
  //clk 激励
  initial begin
    clk<=0;
    forever #5 clk<=~clk;
  end
  //rst 激励
  initial begin
    rst = 1;
    #7 rst = 0;
    #17 rst = 1;
  end
  initial begin
    #1 A = 0;
    forever #10 A = ($random)%2;
  end
endmodule
```

程序说明如下：

(1) 例 5-5 将单进程、双进程、三进程状态机实现在一个测试模块进行测试，以便观察设计结果的差异。

(2) 仿真结果如图 5-11 所示。

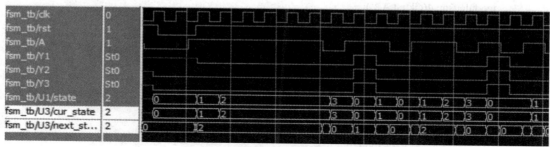

图 5-11　仿真结果

从图 5-11 的仿真结果可以看出，这几种状态机实现的结果一致，且都是正确的。读者也可以通过观察每个设计中的中间状态变量来了解状态机的工作过程。

任务 5.3　状态机的编码方法

在状态机的设计中，状态机有多种编码方式，包括顺序编码、独热编码、直接输出型编码、格雷码等，如表 5-4 所示。

表 5-4　编 码 方 式

状态	顺序编码	独热编码	直接输出型编码	格雷码
s0	00	0001	000	00
s1	01	0010	001	01
s2	10	0100	010	11
s3	11	1000	111	10

这些编码各有优缺点，实际使用时需要根据应用场景选择合适的编码方式。下面以顺序编码、独热编码、直接输出型编码为例，来说明状态编码的优缺点以及选用方法。

一、编码方法比较

顺序编码方式最为简单，且使用的触发器数量最少，剩余的非法状态最少，容错技术也最为简单。以包含 3 个状态的状态机为例，只需要 2 个触发器。例 5-2～例 5-4 均是采用顺序编码描述状态机的例子。需要说明的是，顺序编码方式尽管节省了触发器，却增加了从一种状态向另一种状态转换的译码组合逻辑，这对于 FPGA 来说并不是最好的编码方式，因为 FPGA 的触发器资源丰富，而组合逻辑资源较少。

独热编码(One-Hot Encoding)方式是用 n 个触发器来实现具有 n 个状态的状态机。状态机中的每一个状态都由其中一个触发器的状态表示，即当处于该状态时，对应的触发器为"1"，其余的触发器为"0"。对于具有 4 个状态的状态机，其独热编码见表 5-4。

例 5-6 使用独热编码实现了例 5-3，其中使用独热码来表示状态。

【例 5-6】 使用独热编码实现例 5-3。

```
//双进程状态机+独热编码
module fsm_4(clk,rst,A,Y);
    input clk,rst,A;
    output reg Y;
    reg[3:0] state;
    parameter s0=4'b0001,
              s1=4'b0010,
              s2=4'b0100,
              s3=4'b1000;
    //次态译码和状态寄存
```

```
always @ (posedge clk,negedge rst)
  if(!rst) state<=s0;
  else begin
    case(state)
        s0: begin
            if(A) state<=s1;
              else    state<=s0;
        end
        s1: begin
            if(A) state<=s2;
              else    state<=s0;
        end
        s2: begin
            if(A) state<=s2;
              else state<=s3;
        end
        default: state<=s0;
    endcase
  end
  //输出
always @ (posedge clk,negedge rst)
  if(!rst) Y<=0;
  else begin
    case(state)
        s3:   Y<=1;
        default: Y<=0;
    endcase
  end
endmodule
```

程序说明如下：

(1) 例 5-6 与例 5-3 的区别仅在于编码上，其他状态机的实现完全一致。

(2) 独热编码尽管用了较多的触发器，但其简单的编码方式简化了状态译码逻辑，提高了状态转换速度，这对于含有较多时序逻辑资源、相对较少组合逻辑资源的 FPGA 器件是较好的解决方案。

直接输出型编码是将状态码或者状态码中的某些位直接输出作为控制信号，要求状态机各状态的编码作特殊选择，以适应控制信号的要求，这种状态机称为状态码直接输出型状态机。此时，需要根据输出变量来定制编码。另外，直接输出型编码适合于 Moore 状态机，输出仅与状态有关的场合。

【例 5-7】 状态机设计——状态编码包含输出信息。

```
//双进程状态机+直接输出型编码
module fsm_5(clk,rst,A,Y);
    input clk,rst,A;
    output Y;
    reg[2:0] state;
    parameter s0=3'b000,
              s1=3'b001,
              s2=3'b010,
              s3=3'b111;
        //次态译码和状态寄存
    always @ (posedge clk,negedge rst)
      if(!rst) state<=s0;
      else begin
        case(state)
            s0: begin
                   if(A) state<=s1;
                   else    state<=s0;
                end
            s1: begin
                   if(A) state<=s2;
                   else    state<=s0;
                end
            s2: begin
                   if(A) state<=s2;
                   else state<=s3;
                end
            default: state<=s0;
        endcase
      end
        //输出
    assign Y=state[2];
endmodule
```

程序说明如下：

(1) 这个状态机由 4 个状态组成，各状态的编码分别为 000、001、010、111。各状态的第 3 位编码值赋予实际的控制功能，即 Y = state[2]，将 state[2]用作输出。

(2) 直接输出型编码适用于 Moore 型状态机，不能直接用于 Mealy 型状态机。

(3) Moore 型和 Mealy 型状态机比较容易进行转换。本项目任务 5.1 中，已经展现了解决同一问题的 Mealy 型状态机和 Moore 状态机。需要使用直接输型编码时，读者可以将

Mealy 型状态机转换成 Moore 状态机。

(4) 例 5-7 将输出直接指定为状态码中的某位或某几位,这样就可把状态码与输出联系起来。把状态的变化直接用作输出,这样做可以提高输出信号的开关速度并节省电路器件。但这种方法也有缺点,即输出的维持时间必须与状态的维持时间一致。

【例 5-8】 状态机设计——3 种状态编码的测试。

```
//状态机测试代码:同时测试 3 个状态机实现代码
module fsm_code_tb;
  reg clk,rst,A;
  wire Y1,Y2,Y3;
  //例化：位置关联
    fsm_1 U1(clk,rst,A,Y1);
    fsm_4 U2(clk,rst,A,Y2);
    fsm_5 U3(clk,rst,A,Y3);
  //clk 激励
  initial begin
    clk = 0;
    forever #5 clk = ~clk;
  end
  //rst 激励
  initial begin
    rst = 1;
    #7 rst = 0;
    #17 rst = 1;
  end
  initial begin
    #1 A = 0;
    forever #10 A = ($random)%2;
  end
endmodule
```

程序说明如下:

(1) 例 5-8 将顺序编码、独热编码、直接输出编码三种实现方式在一个测试模块进行测试,以便观察设计结果的差异。

(2) 仿真结果如图 5-12 所示。

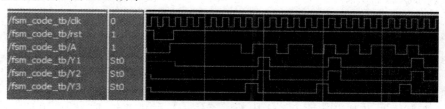

图 5-12 仿真结果

显然，这几种方法都实现了"110"序列检测功能。

(3) 从仿真波形中可以看出，直接输出型编码的优点是输出速度快，没有毛刺现象，比其他编码方法输出快一个时钟周期；该方法的缺点是程序可读性稍差，通常情况下，用于状态译码的组合逻辑比其他以相同触发器数量构成的状态机多。

二、非法状态的处理

在状态机的设计中，使用各种编码，尤其是独热编码后，会不可避免地出现大量剩余状态，即未定义的编码组合，这些状态在状态机的运行中是不需要出现的，通常称为非法状态。例如，例 5-7 中使用直接输出型编码用到 3 位，因此，除了 4 个有效状态 s0~s3 外，还有 4 个非法状态 N1~N4，如表 5-5 所示。

表 5-5　非 法 状 态

状态	s0	s1	s2	S3	N1	N2	N3	N4
直接输出型编码	000	001	010	111	011	100	101	110

在状态机的设计中，如果没有对这些非法状态进行合理的处理，在外界不确定的干扰下，或是随机上电的初始启动后，状态机都有可能进入不可预测的非法状态，或者完全无法进入正常状态。因此，非法状态的处理是设计者必须考虑的问题之一。

非法状态的处理方法有两种：

(1) 在语句中对每一个非法状态作出明确的状态转换指示，如在原来的 case 语句中增加诸如以下语句：

```
case(state)
N1: state<=s0;
N2: state<=s0;
…
```

(2) 如例 5-2~例 5-4，利用 default 语句对未提到的状态作统一处理。

```
case(state)
  s0: if(A) state<=s1;
      else    state<=s0;
  …
  default: state<=s0;
endcase
```

由于剩余状态的次态不一定都指向状态 s0，则可以混合使用以上两种方法。

项 目 小 结

本项目讨论了以下知识点：

(1) 有限状态机及其设计技术是实用数字系统设计的重要组成部分，也是实现高效率、高可靠性逻辑控制的重要途径。状态机的本质是对具有逻辑顺序或时序规律事件的一种描述方法，逻辑顺序和时序规律是状态机所要描述的核心和强项。换言之，所有具有逻辑顺序和时序规律的数字系统都适合用状态机描述。

(2) 状态机可以采用多种形式来实现，包括单进程、双进程、多进程。多进程状态机将次态译码、状态寄存器、输出译码等模块分别放到不同的 always 程序块中实现，这样做的好处不仅是便于阅读、理解、维护，更重要的是有利于综合器优化代码；有利于用户添加合适的时序约束条件和布局布线器实现设计。

(3) 编码方法有很多，包括顺序编码、独热编码、直接输出型编码等，每种方法各有其优缺点。在实际设计时，须综合考虑电路复杂度与电路性能之间的折中。在触发器资源丰富的 FPGA 设计中，采用独热编码既可以使电路性能得到保证，又可充分利用其触发器数量多的优势；采取直接输出型编码可以简化电路结构，提高状态机的运行速度。

习　题　5

1. 什么是有限状态机？设计有限状态机的一般步骤是什么？

2. 简述状态机的种类。简要说明 Mealy 状态机和 Moore 状态机的区别与联系；单进程、双进程和多进程状态机的区别与联系。

3. 图 5-13 是七进制计数器的状态图，其中 Y 为输出。试用 Verilog 实现并仿真验证。

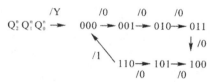

图 5-13　七进制计数器的状态转换图

4. 用 Verilog 语言实现满足图 5-14 所示状态图的时序逻辑电路。

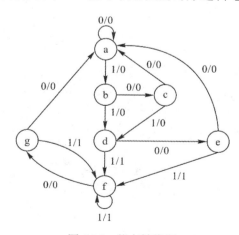

图 5-14　状态转换图

5. 图 5-15 是"1101"序列检测器状态图，试用 Verilog 实现并仿真验证。

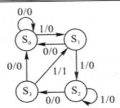

图 5-15　"1101"序列检测器状态图

6. 设计一个串行序列检测器。要求是：连续 3 个或 3 个以上的 1 时输出为 1，其他输入情况下输出为 0。

提示：先根据题意，画出状态图，然后分别采用手工方式和 EDA 工具完成。

7. 设计一个饮料售货机控制器，假设每瓶饮料均为 2.5 元，而售货机只接受一元硬币和五角硬币。要求画出框图、状态图和状态表，简化逻辑，并画出电路图。

提示：① 先根据题意，画出状态图，可采用手工方式或 EDA 工具完成设计；② 采用 EDA 工具完成设计，可考虑多种进程实现方式和多种状态编码方式。

8. 对于 16 位的向量 flag，从最低位起，寻找第一个值为 1 的位，并输出。例如，flag=16'b101000 时，输出为 3；flag = 16'b1100000 时，输出为 5。

提示：采用状态机建模实现(读者也可以使用行为建模中的 if 语句或其他语句实现，试比较这些方法的优劣)。

项目 6　数字电路设计举例

　　前面的项目已经介绍了许多常用的语句类型和语法知识，在此基础上，我们可以编写一些完整的模块。本项目我们将设计一些常用电路，并对这些电路进行仿真验证。通过学习和练习，我们可逐步掌握利用 Verilog HDL 设计数字系统的方法和技术。

　　本节综合使用前面各项目介绍的建模方法对电路进行建模。建模的电路有表决器、计数器、分频器、流水灯控制器、序列检测器、汉字显示电路、梯形波、数字钟、信号发生器等。

任务 6.1　表决器设计

一、设计要求

　　基本要求：设计实现一个 3 人判决电路，若有 2 人或者超过 2 个人同意，则表决结果为通过，否则表决结果不通过。

　　拓展要求：读者可以在基本要求的基础上尝试完成一些拓展，如 N 人表决器、其他任意组合逻辑电路等。

　　本任务涉及的知识点有行为建模、数据流建模、结构建模、选择语句。

　　下面对这些知识点进行说明。

　　(1) 各种建模方法得出的电路图不尽相同，但最终仿真结果完全相同。也就是说，虽然最终的实现电路不同，但功能相同。

　　(2) 行为建模方式的典型特征是使用了 always 语句；数据流建模方式的典型特征是使用了 assign 语句；结构化建模的典型特征是使用了例化语句，包括门级原语例化。在一个模块中，可以采用以上三种建模方式中的任一种方式建模，也可以采用多种方式混合建模。

　　(3) 在可综合的设计中，条件语句 if、多路分支语句 case 只能用在 always 语句块中，也就是只能用在行为建模中。

　　(4) 从本任务中也可以看出，从门级建模到数据流建模再到行为建模，建模抽象程度越来越高，距离电路的具体实现越来越远，但是也越来越接近设计人员解决问题的思维。

二、设计分析

　　3 人判决电路是一道经典的数字电路例题，下面我们来看一下数字电路中对该问题的求解过程。

　　(1) 理解题意。

设 a、b、c 分别代表 3 个人，同意用 1 表示，不同意用 0 表示，y 代表表决结果，1 表示通过，0 表示不通过。

根据题意有，当 a、b、c 三个中有 2 个为 1，或者 3 个均为 1 时，y 为 1；否则，y 为 0。

(2) 根据题意列真值表，如表 6-1 所示。

表 6-1　真　值　表

a	b	c	y
0	0	0	0
0	0	1	0
0	1	0	0
0	1	1	1
1	0	0	0
1	0	1	1
1	1	0	1
1	1	1	1

(3) 根据真值表列输出方程如下：

$$y = a'bc + ab'c + abc' + abc$$

(4) 采用代数化简法或者卡诺图化简法化简方程，如图 6-1 所示。

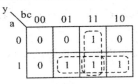

图 6-1　卡诺图

化简后的方程为 $y = ab + bc + ca$。

(5) 根据化简后的方程画出电路图，如图 6-2 所示。

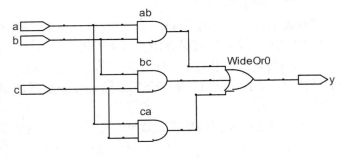

图 6-2　电路实现

三、设计与仿真

对于设计实现一个 3 人判决电路的五个步骤，也可以采用 Verilog HDL 语言进行数字电路建模，建模代码见例 6-1，仿真代码见例 6-2。

【例 6-1】　设计代码。

```
//将三种建模方式混合在一起比较(5 个步骤对应 5 个电路)
module vote_all(a,b,c,y1,y2,y3,y4,y5);
    input a,b,c;
    output y1,y2,y3,y4,y5;
    wire a,b,c;
    //行为建模，对应着步骤(1)
    reg y1;
    always @(*) begin
        if((a&b==1)|(b&c==1)|(c&a==1)|(a&b&c==1)) y1=1;
        else y1=0;
      end
    //行为建模，对应着步骤(2)
    reg y2;
    always @(*) begin
        case({a,b,c})
                3'b000: y2=0;
                3'b001: y2=0;
                3'b010: y2=0;
                3'b011: y2=1;
                3'b100: y2=0;
                3'b101: y2=1;
                3'b110: y2=1;
                3'b111: y2=1;
        endcase
        end
//数据流建模，对应着步骤(3)
wire y3;
assign y3=(~a&b&c)|(a&~b&c)|(a&b&~c)|(a&b&c);
//数据流建模，对应着步骤(4)
    wire y4;
    assign y4=(a&b)|(a&c)|(b&c);
    //结构方式建模，对应着步骤(5)
    wire y5;
    wire tmp1,tmp2,tmp3;
    and and1(tmp1,a,b);
    and and2(tmp2,a,c);
    and and3(tmp3,b,c);
    or or1(y5,tmp1,tmp2,tmp3);
```

endmodule

下面对上述电路设计进行说明。

(1) y1、y2、y3、y4、y5 为设计的 5 个输出，分别对应着设计分析中的 5 个步骤的输出结果，其实现方法与步骤中的说明是完全吻合的。

(2) 每个输出都分别对应着一个独立的组合逻辑电路，由一个 assign 语句或者一个 always 语句实现。

(3) 每个输出根据是在 assign 语句中还是在 always 语句中被赋值，被定义成了 wire 或 reg 类型。在 assign 语句中被赋值时，需要定义成 wire 类型；在 always 语句中被赋值时，需要定义成 reg 类型。

(4) 使用 Vivado 软件综合的结果如图 6-3 所示。

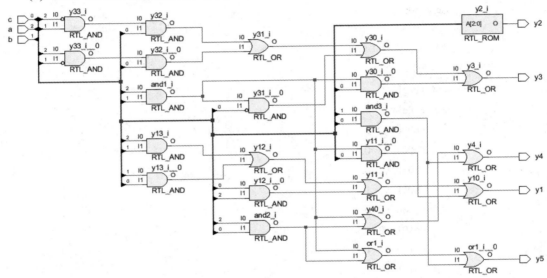

图 6-3   例 6-1 综合结果

【例 6-2】 仿真代码。

```
//测试台查看 5 种电路的仿真波形
module vote_all_tb();
    reg a,b,c;
    wire y1,y2,y3,y4,y5;
    vote_all DUT(a,b,c,y1,y2,y3,y4,y5);
    //a,b,c 加激励
    initial begin
        {a,b,c}=0;
        forever #5 {a,b,c} = {a,b,c}+1;
    end
endmodule
```

下面对上述仿真代码进行说明。

(1) a、b、c 三个输入被拼接成一个信号，再通过加 1 赋值，代码如下：

```
forever #5 {a,b,c} = {a,b,c}+1;
```

这是一种常用的产生组合逻辑电路的激励的方法，该法简洁、实用。

(2) 五步求解方法对应着不同的建模方法，但其仿真波形都是相同的，如图 6-4 所示。

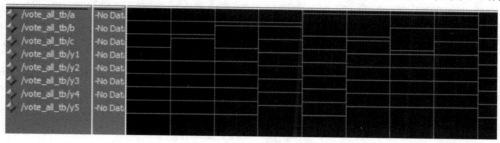

图 6-4 仿真波形

从图 6-4 所示的仿真波形中可以看出，以上五种不同的建模方法均实现了判决功能，都是问题的解决方法。

任务 6.2 计 数 器 设 计

计数器是由基本的计数单元和一些控制门所组成的，计数单元则由一系列具有存储信息功能的触发器构成。计数器在数字系统中的应用广泛。例如，在电子计算机的控制器中对指令地址进行计数，以便顺序取出下一条指令；在运算器中作乘法、除法运算时记下加法、减法次数；在数字仪器中对脉冲进行计数；在实际应用中可以记录已经完成的工时数、产品数；等等。计数器在数字系统中主要用于对脉冲的个数进行计数，以实现测量、计数和控制功能，同时兼有分频功能。

一、设计要求

基本要求：设计实现一个模 8 加 1 计数器，计数值为 0，1，2，3，4，5，6，7，0，…，依次循环。

拓展要求：在基本要求的基础上，读者可以尝试自行完成一些拓展，如模 N 计数器、任何计数器等。

本任务涉及的知识点有行为建模、结构化建模、状态机建模、计数器、图形化展示。下面对这些知识点进行说明。

(1) 计数器。

进行计数器设计需要清楚加减条件和停止条件。对于本例，进行 0~7 计数，使用 3 位表示计数结果，因此对加 1 条件以及停止条件都不需要进行额外处理。

(2) 图形化展示。

当设计实现的是信号波形时，仿真波形可以用图形化的形式展示，这样既直观易懂，也可以提高学生对本门课程的学习兴趣。使用 ModelSim 进行图形化展开时，需要在

ModelSim 软件中将输出设置成模拟信号并展示出来。例如，信号发生器的输出通常使用仿真软件直接显示。

二、设计分析

实现计数器时，可以采用数字电路设计步骤求解得到电路图，然后使用 HDL 语言对电路图建模。

使用数字电路设计步骤可以得到电路图，具体的设计步骤与 HDL 语言无关，此处省略。此处仅给出使用传统数字电路方法得到的电路图，如图 6-5 所示。

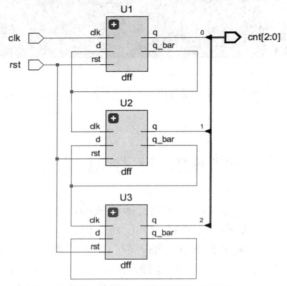

图 6-5　模 8 加 1 计数器的电路图

对模 8 加 1 计数器进行功能分析，可以得到图 6-6。图 6-6 中的 U1、U2、U3 分别对应着图 6-5 中从上到下的 3 个 D 触发器，各个触发器的 clk、q、q_bar 均在图中绘制了波形图，3 个 D 触发器输出的值连续为 000、001、010、011、100、101、110、111、000，为加 1 计数的结果。图 6-6 是分析电路图后绘制的波形图。

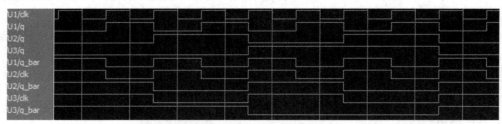

图 6-6　模 8 加 1 计数器功能分析波形图

对于计数器，除了上述采用传统数字电路方法得到电路图外，还可以直接使用 HDL 语言进行行为建模，直接加 1 计数，计数器的加减条件和终止条件都非常明确。

计数器可以理解为一种状态转换，因此也非常适合使用状态机建模来实现。

计数器对应的状态图如图 6-7 所示。

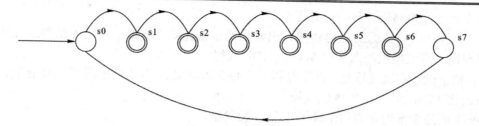

图 6-7　计数器状态图

图 6-7 的状态图对应的状态转换不需要条件，次态只跟当前状态相关。

三、设计与仿真

依据上述设计分析可知，计数器可以通过三种方法实现，下面分别进行说明。

第一种方法：采用传统数字电路方法得到电路图，对计数器进行建模。

【例 6-3】　用 D 触发器构成一个模 8 加 1 计数器，即直接使用电路图建模。

```verilog
//D 触发器
module dff(clk,rst,d,q,q_bar);
    input wire clk;
    input wire rst;
    input wire d;
    output reg q,q_bar;
    always@(posedge clk, negedge rst) begin
        if(!rst) begin
            q <= 0;
            q_bar <= 1;
        end
        else begin
            q <=d;
            q_bar <=!d;
        end
    end
endmodule
//由 D 触发器构成的加法计数器
module dff_cnt_add(clk,rst,cnt);
    input clk,rst;
    output[2:0] cnt;
    wire [2:0] q_bar;
    dff U1(clk,rst,q_bar[0],cnt[0],q_bar[0]);
    dff U2(q_bar[0],rst,q_bar[1],cnt[1],q_bar[1]);
    dff U3(q_bar[1],rst,q_bar[2],cnt[2],q_bar[2]);
endmodule
```

下面对上述电路设计代码进行说明。

(1) 该设计代码依据的是电路图。也就是说，首先要通过数字电路方法得到计数器的电路原理图，再依据电路图实现 Verilog HDL 代码。

(2) 整个设计实现过程是：首先得到一个 D 触发器 dff，再依据电路图中 D 触发器的连接关系例化 3 次，得到 3 个 D 触发器。

(3) 下面的 3 条例化语句生成了 3 个 D 触发器。

```
dff U1(clk,rst,q_bar[0],cnt[0],q_bar[0]);
dff U2(q_bar[0],rst,q_bar[1],cnt[1],q_bar[1]);
dff U3(q_bar[1],rst,q_bar[2],cnt[2],q_bar[2]);
```

该例化语句使用了位置关系法。感兴趣的读者可自行改为名称关联。

第二种方法：直接采用行为建模方法实现计数器。

【例 6-4】 直接使用行为建模方法得到一个模 8 加 1 计数器。

```
module dff_cnt_hdl_add(clk,rst,cnt);
    input clk,rst;
    output reg[2:0] cnt;
    always@(posedge clk, negedge rst) begin
        if(!rst) cnt <= 0;
        else cnt <= cnt + 1;
    end
endmodule
```

下面对上述电路设计代码进行说明。

(1) 直接使用行为描述，代码简洁、易懂。

(2) 如果设计一个最大值非全 1 的计数器，则需要进行计数终止条件的判断，并进行相应的处理。例如，实现一个模 7 加 1 计数器，代码如下所示。

```
always@(posedge clk, negedge rst) begin
    if(!rst) cnt<= 0;
    else begin
    if(cnt == 6) cnt<= 0;        //计数终止条件
    else cnt <= cnt + 1;
    end
```

(3) 行为建模比使用电路图建模简单易懂，且不需要太多数字电路设计的知识，整个设计过程都借助强大的 EDA 工具来完成，符合电路设计的趋势。

第三种方法：使用状态机建模方法实现计数器。

【例 6-5】 直接使用状态机建模方法得到一个模 8 加 1 计数器。

```
module dff_cnt_st_add(clk,rst,cnt);
    input clk,rst;
    output[2:0] cnt;
```

```
//状态编码，直接输出型编码
parameter S0=3'b000,S1=3'b001,S2=3'b010,S3=3'b011,
          S4=3'b100,S5=3'b101,S6=3'b110,S7=3'b111;
//产生次态
reg[2:0] state;
always@(posedge clk, negedge rst) begin
  if(!rst) state <= S0;
  else begin
    case(state)
      S0:   state <= S1;
      S1:   state <= S2;
      S2:   state <= S3;
      S3:   state <= S4;
      S4:   state <= S5;
      S5:   state <= S6;
      S6:   state <= S7;
      S7:   state <= S0;
    endcase
  end
end
//产生输出
assign cnt = state;
endmodule
```

下面对上述电路设计代码进行说明。

(1) 直接使用状态机建模，代码简洁、易懂。

(2) 如果设计一个最大值非全 1 的计数器，则需要在状态数量和状态编码上进行处理，且简单、直观。例如，实现一个模 7 加 1 计数器。

(3) 状态机建模比使用电路图建模简单易懂，容易实现，且不需要太多数字电路设计的知识，整个设计过程都借助强大的 EDA 工具来完成，符合电路设计的趋势。

(4) 对于已知状态转换图的电路来说，该实现方法有模板，所以推荐使用。

(5) 该状态机使用的编码方法为直接输出型编码，当前状态即当前输出。

使用 Quartus II 软件以三种方法实现的电路图如图 6-8 所示。

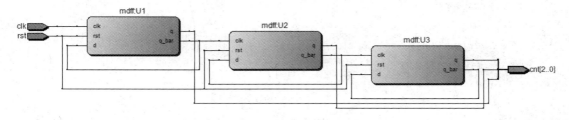

(a) 用 D 触发器实现

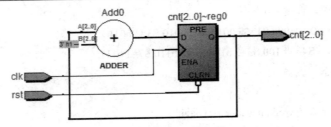

(b) 直接加 1 计数实现

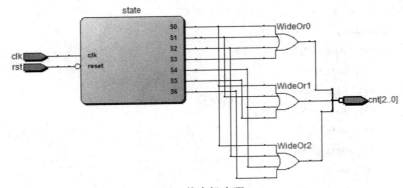

(c) 状态机实现

图 6-8　设计代码的结果

将三种实现方法统一在一个 testbench 上进行测试，并比较结果。

【例 6-6】　模 8 加 1 计数器的测试代码。

```
module dff_cnt_tb;
    reg clk,rst;
    wire[2:0] cnt1,cnt2,cnt3;
    dff_cnt_add U1(clk,rst,cnt1);
    dff_cnt_hdl_add U2(clk,rst,cnt2);
    dff_cnt_st_add U3(clk,rst,cnt3);
    //clk 激励
    initial begin
        clk = 0;
        forever #5 clk = ~clk;
    end
    //rst 激励:rst 有效期间有 clk 上升沿
    initial begin
        rst = 1;
        #7 rst = 0;
        #10 rst = 1;
    end
endmodule
```

计数器的仿真波形如图 6-9 所示。从仿真波形中可以看出，该设计完成了一位模 8 加 1

计数器的功能。

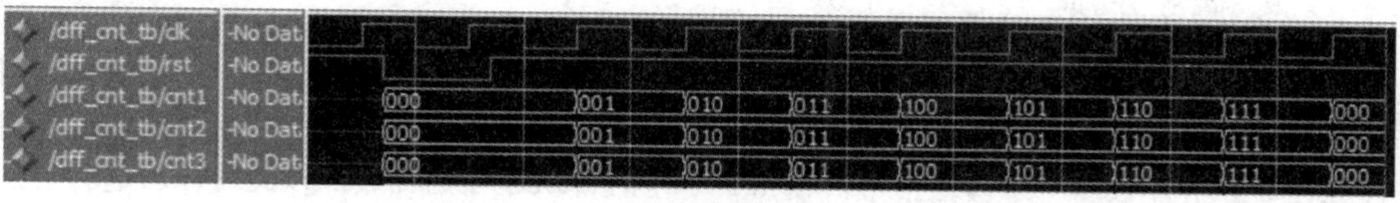

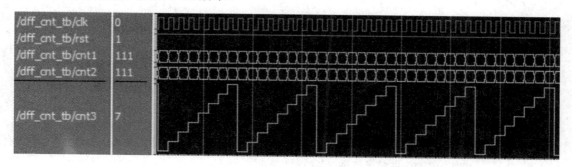

图 6-9　模 8 加 1 计数器功能仿真波形

需要指出的是，计数器也可以用来设计信号发生器。本计数器的仿真波形使用模拟信号展示，即锯齿波，如图 6-10 所示。

图 6-10　模 8 加 1 计数器功能仿真波形(cnt3 为模拟信号)

因此，可以通过计数器来实现多种信号波形。

任务 6.3　分频器设计

在数字逻辑电路设计中，分频器是一种基本电路，用来对某个给定频率进行分频，以得到所需的频率。

假定系统工作频率为 f1，某器件正常工作频率为 f2(通常小于 f1)，此时就需要分频，分频比为 f1/f2。例如，系统工作频率为 100 MHz，而液晶显示控制器工作频率为 25 MHz，此时就需要对系统工作频率进行 4 分频，得到液晶显示控制器的工作频率。

本任务涉及的知识点有分频器、偶数分频、奇数分频、占空比。

下面对这些知识点进行说明。

(1) 分频器。

分频器就是一种计数器。只需设置好计数的加减条件以及终止条件即可。

(2) 偶数分频。

偶数分频的方法可用于所有场合，可实现占空比为 50%的任意频率。

(3) 占空比。

占空比是指在一个脉冲循环内，高电平时间相对于总时间所占的比例。对于分频得到的信号，通常要求占空比为 50%。但如果没有占空比的要求，只有分频要求，那么，这个分频信号就可以非常容易地使用计数器来实现。

实际工作中，较常用的分频是整数分频，且分频得到的信号占空比为 50%。下面对整数分频的偶数分频、奇数分频、2^n 分频共 3 种情况进行分别讨论。

一、偶数分频

偶数分频是最简单的一种分频模式，可通过计数器计数实现。如果要进行 N 倍偶数分频，那么可由待分频的时钟触发计数器计数，当计数器从 0 计数到 N/2-1 时，输出时钟进行翻转，并给计数器一个复位信号，使得下一个时钟从零开始计数，以此循环。这种方法可以实现任意的偶数分频。例 6-7 给出的是一个参数型偶数分频电路，通过调用该模块实现任意偶数分频。

【例 6-7】　参数型偶数分频。

```verilog
module divf_even(clk,rst,clk_N);
    input clk;
    input rst;
    output reg clk_N;
    parameter N=6;
    // 计数器
    integer p;
    always @(posedge clk or negedge rst) begin
        if(!rst) p<=0;
        else if(p==N/2-1)        p<=0;
        else p<=p+1;
    end
    // 分频信号
    always @(posedge clk or negedge rst) begin
        if(!rst) clk_N<=0;
        else if(p==N/2-1)
            clk_N<=~clk_N;
    end
endmodule
```

下面对上述电路设计代码进行说明。

(1) 偶数分频采用加法计数的方法只是对时钟的上升沿进行计数，这是因为输出波形的改变仅仅发生在时钟上升沿。例 6-7 中使用了一个计数器 p 对上升沿计数，计数到一半时，控制输出时钟的电平取反，从而得到需要的时钟波形。

(2) 例 6-7 中"divf_even"模块定义了一个参数化的偶数分频电路，并实现了一个 6 分频电路。读者可以在其他设计中例化该模块并修改参数，实现任意偶数分频。

二、奇数分频

奇数分频有多种实现方法，下面介绍常用的两种方法：错位"异或"法和错位"或"法。对于实现占空比为 50% 的 N 倍奇数分频，首先进行上升沿触发的模 N 计数，计数到某一选定值时进行输出时钟翻转，得到一个占空比为 50% 的 N 分频时钟 clk1；然后在下降沿，经过与上面选定时刻相差(N-1)/2 时，翻转另一个时钟，得到另一个占空比为 50%的 N 分频时钟 clk2；最后将 clk1 和 clk2 两个时钟进行异或运算，就得到了占空比为 50%的奇数 N 分频时钟。

【例 6-8】　错位"异或"法实现参数型奇数分频。

```verilog
module divf_oddn(clk,rst,clk_N);
    input clk;
    input rst;
    output    clk_N;
    parameter N=3;
    // 计数器
    integer p;
    always @(posedge clk or negedge rst) begin
        if(!rst) p <= 0;
        else begin
            if(p==N-1) p <= 0;
            else p <= p+1;
        end
    end
    // 分频信号
    reg clk_p,clk_q;
    always @(posedge clk or negedge rst) begin
        if(!rst) clk_p <= 0;
        else if(p==N-1) clk_p <= ~clk_p;
    end
    always @(negedge clk or negedge rst) begin
        if(!rst) clk_q <= 0;
        else if(p==(N-1)/2) clk_q <= ~clk_q;
    end
    assign clk_N=clk_p^clk_q;
endmodule
```

【例 6-9】　错位"或"法实现参数型奇数分频。

```verilog
//参数型奇数分频模块的第二种实现方式
module divf_oddn_2(clk,rst,clk_N);
    input clk;
    input rst;
    output    clk_N;
    parameter N=3;
    // 计数器
```

```
            integer p;
            always @(posedge clk or negedge rst) begin
                if(!rst) p <= 0;
                else begin
                    if(p==N-1) p <= 0;
                    else p <= p+1;
                end
            end
            // 分频信号
            reg clk_p,clk_q;
            always @(posedge clk or negedge rst) begin
                if(!rst) clk_p <= 0;
                else if(p==(N-1)/2) clk_p <= 1;
                else if(p==N-1) clk_p <= 0;
            end
            always @(negedge clk or negedge rst) begin
                if(!rst) clk_q <= 0;
                else if(p==(N-1)/2) clk_q <= 1;
                else if(p==N-1) clk_q <= 0;
            end
            assign clk_N=clk_p | clk_q;        //或运算
        endmodule
```

下面对上述两种电路设计代码进行说明。

(1) 两种实现方法都定义了一个参数化的奇数分频电路,并实现了一个 3 分频电路。读者可以在其他设计中例化该模块并修改参数,实现任意奇数分频。

(2) 对于奇数分频,由于输出波形的改变不仅仅发生在时钟上升沿,还会发生在下降沿,所以要在上升沿和下降沿分别处理两个信号 clk_p 和 clk_q。奇数分频的两种实现方法的比较如图 6-11 所示。

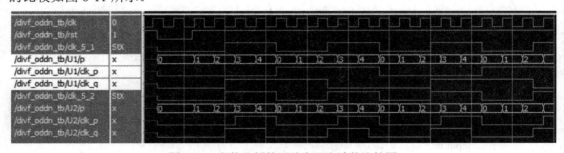

图 6-11   奇数分频的两种实现方法的比较图

与图 6-11 仿真波形相对应的测试代码如例 6-10 所示。

【例 6-10】 两种奇数分频方法比较的测试代码。

```
module divf_oddn_tb;
  reg clk,rst;
  wire clk_5_1,clk_5_2;
//例化：位置关联
    divf_oddn #(5) U1(.clk(clk),
                          .rst(rst),
                          .clk_N(clk_5_1));
    divf_oddn_2 #(5) U2(.clk(clk),
                          .rst(rst),
                          .clk_N(clk_5_2));
//clk 激励
  initial begin
    clk = 0;
    forever #5 clk = ~clk;
  end
//rst 激励
  initial begin
    rst = 1;
    #7 rst = 0;
    #17 rst = 1;
  end
endmodule
```

仿真测试代码中的调用模块修改例化了电路的参数，请读者掌握在调用模块中修改例化电路参数的方法。

(3) 错位"异或"法中，当在时钟上升沿且 $p = N - 1$ 时 clk_p 取反，当在时钟下降沿且 $p = N - 1$ 时 clk_q 取反，然后通过组合逻辑 assign clk_N = clk_p^clk_q 实现奇数分频；错位"或"法中，当 clk 上升沿和下降沿时，分别在 $p = N - 1$ 和 $p = (N - 1)/2$ 时得到 clk_p 和 clk_q，然后通过组合逻辑 assign clk_N = clk_p | clk_q 实现奇数分频。请读者结合仿真波形，尤其是借助仿真波形中的中间变量 clk_p 和 clk_q 来理解设计方法。

三、2^n 分频

2^n 分频电路是偶数分频电路的特例，虽然可以采用偶数分频的方法进行，但由于 2^n 的特殊性，也可以采用更加便捷的方式，如例 6-11 所示。

【例 6-11】 2^n 分频例一。

```
module divf_2powN(clk,rst,clk_N);
    input clk,rst;
    output clk_N;
    parameter N=2;
```

```
        reg[N-1:0] count;
        always @(posedge clk or negedge rst) begin
            if(!rst) count<=0;
         else    count<=count+1;
        end
        assign clk_N=count[N-1];
    endmodule
```

下面对上述电路设计代码进行说明。

(1) 2^n 分频利用计数器的特征，每一个时钟都需要加 1 计数。

(2) 例 6-11 中"divf_2powN"模块定义了一个参数化的 2^n 分频电路，并实现了一个 4 分频电路。读者可以在其他设计中例化该模块并修改参数，实现任意 2^n 分频。注意：读者应掌握在调用模块中修改例化电路参数的方法。

四、分频器电路测试

可以将任务 6.3 中的分频统一进行测试，代码如例 6-12 所示。

【例 6-12】 分频器测试代码。

```
module divf_tb;
  reg clk,rst;
  wire clk_5,clk_10,clk_8;
  //例化：位置关联
    divf_oddn #(5) U1(.clk(clk),
                        .rst(rst),
                        .clk_N(clk_5));
    divf_even #(10) U2(.clk(clk),
                        .rst(rst),
                        .clk_N(clk_10));
    divf_2powN #(3) U3(.clk(clk),
                        .rst(rst),
                        .clk_N(clk_8));
  //clk 激励
  initial begin
    clk = 0;
    forever #5 clk = ~clk;
  end
  //rst 激励
  initial begin
    rst = 1;
    #7 rst = 0;
```

```
        #17 rst = 1;
    end
endmodule
```

下面对上述电路仿真代码进行说明：

(1) 本代码将三种分频的实现方式在同一测试台进行输出结果对比。由于三种实现方式输入激励完全相同，因此，放在一起测试不会添加任何工作量，只需多增加两个例化语句即可；同时，输出结果可以放在一起进行比较。

(2) 测试代码中，将偶数分频参数修改为 10、奇数分频参数修改为 5、2^n 分频参数修改为 3，仿真结果如图 6-12 所示。

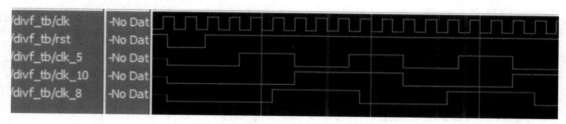

图 6-12　仿真波形

从图 6-12 的仿真结果可以看出，三种分频设计分别实现了 10 分频、5 分频、8 分频，且分频结果正确。

(3) 对整数分频的补充说明。

如果对分频得到的频率没有占空比为 50%的要求，则任何整数分频都可以统一实现。例如 N 分频，对时钟上升沿计数，当计数到 N−1 时信号翻转一次，当计数在 0～N 中间任何一个数时信号再翻转一次，即可实现 N 分频。如下面的例 6-13 所示。

【例 6-13】 实现占空比为 M/N 的 N 分频。

```
module divf_N(clk,rst,clk_N);
    input clk;
    input rst;
    output reg clk_N;
    parameter N=5;
    parmeter M=2;
    integer p;
    always @(posedge clk or negedge rst) begin
        if(!rst) p<=0;
        else begin
            if(p==N-1) p<=0;
            else p<=p+1;
        end
    end
    always @(posedge clk or negedge rst) begin
```

```
        if(!rst) begin
            clk_N<=0;
        end
        else begin
          if(p==N-1) begin
                clk_N<=1;
          end
          else if(p==M-1)
            clk_N<=0;
          end
        end
    endmodule
```

例 6-13 中，M、N 均为参数，实现占空比为 M/N 的 N 分频信号。当 p = M − 1 时，clk_N 为低电平；当 p = N − 1 时，clk_N 为高电平。

(4) 对 2^n 分频的补充说明。

除了可以得到 2 的 N 次幂分频外，还可以得到 2 的 N − 1，N − 2，…，1 次幂分频。只需要多添加几条 assign 语句，如例 6-14 所示。

【例 6-14】　2^n 分频例二。

```
    module Divf_2pow4(clk,rst,clk2,clk4,clk8,clk16);
        input clk,rst;
        output clk2,clk4,clk8,clk16;
        reg[3:0] count;
        always @(posedge clk or posedge rst) begin
            if(rst) count<=0;
            else count<=count+1;
        end
        assign clk2=count[0];      //2 分频
        assign clk4=count[1];      //4 分频
        assign clk8=count[2];      //8 分频
        assign clk16=count[3];     //16 分频
    endmodule
```

2^n 分频用途较广，在此对 2^n 分频得到的频率值进行汇总，如表 6-2 所示。如果后续项目用到 2^n 分频时，可以查表 6-2。

表 6-2 中，clkdiv 是一个计数器，clkdiv[n − 1]是指这个计数器的第 n − 1 位。根据实际项目需要，选定适用的频率后，可通过查表 6-2 得到 n，当然也可以通过计算求出 n。

(5) 当分频要求不高且分频数 N 比较大时，可以统一采用偶数分频的方法来进行整数分频。这是因为实现偶数分频比实现奇数分频简单，同时又比 2^n 分频精确。

在实际电路设计中，可能需要多种频率值，用本节介绍的方法可以解决此问题，且在同一设计中也有可能需要综合应用以上多种分频方法。

表 6-2 2^n 分频的说明

表达式	2^n 分频说明	计算步骤与结果
clkdiv[0]	2^1 分频	50 MHz/2 = 25 MHz
clkdiv[1]	2^2 分频	50 MHz/4 = 12.5 MHz
clkdiv[2]	2^3 分频	50 MHz/8 = 6.25 MHz
clkdiv[3]	2^4 分频	50 MHz/16 = 3.125 MHz
clkdiv[4]	2^5 分频	50 MHz/32 = 1.5625 MHz
clkdiv[5]	2^6 分频	50 MHz/64 = 781.25 kHz
clkdiv[6]	2^7 分频	50 MHz/128 = 390.625 kHz
clkdiv[7]	2^8 分频	50 MHz/256 = 195 kHz
clkdiv[8]	2^9 分频	50 MHz/512 = 97.66 kHz
clkdiv[9]	2^{10} 分频	50 MHz/1024 = 48.83 kHz
clkdiv[10]	2^{11} 分频	50 MHz/2048 = 24.41 kHz
clkdiv[11]	2^{12} 分频	50 MHz/4096 = 12.21 kHz
clkdiv[12]	2^{13} 分频	50 MHz/8192 = 6.10 kHz
clkdiv[13]	2^{14} 分频	50 MHz/(2^{14}) = 3.05 kHz
clkdiv[14]	2^{15} 分频	50 MHz/(2^{15}) = 1.53 kHz
clkdiv[15]	2^{16} 分频	50 MHz/(2^{16}) = 762.94 Hz
clkdiv[16]	2^{17} 分频	50 MHz/(2^{17}) = 381.47 Hz
clkdiv[17]	2^{18} 分频	50 MHz/(2^{18}) = 190.73 Hz
clkdiv[18]	2^{19} 分频	50 MHz/(2^{19}) = 95.37 Hz
clkdiv[19]	2^{20} 分频	50 MHz/(2^{20}) = 47.68 Hz
clkdiv[20]	2^{21} 分频	50 MHz/(2^{21}) = 23.84 Hz
clkdiv[21]	2^{22} 分频	50 MHz/(2^{22}) = 11.92 Hz
clkdiv[22]	2^{23} 分频	50 MHz/(2^{23}) = 5.96 Hz
clkdiv[23]	2^{24} 分频	50 MHz/(2^{24}) = 2.98 Hz
clkdiv[24]	2^{25} 分频	50 MHz/(2^{25}) = 1.49 Hz

任务 6.4 流水灯控制器设计

一、设计要求

基本要求：4 个 LED 灯连成一排。要求按照 1、2、3、4 的顺序依次点亮所有灯，间隔时间为 1 s；再按 1、2、3、4 的顺序依次熄灭所有灯，间隔时间为 1 s。

拓展要求：在实现基本要求的基础上，考虑任意一种流水灯模式并予以实现。例如，从左至右逐一点亮 LED，直至所有 LED 全亮，再从右向左逐一熄灭 LED，直到所有 LED 全灭，一直这样循环下去。

本任务涉及的知识点有状态机建模和行为建模。

下面对这些知识点进行说明。

(1) 状态机建模。

状态机建模时需要弄清楚状态机编码以及状态转换条件。

(2) 行为建模。

行为建模时需要理解题意，并转换成 HDL 语言实现。

二、设计分析

假设时钟频率为 1 Hz，则可以直接用该时钟来控制 LED 灯的切换显示。实际工作频率为 100 MHz，如果实现 1 s 切换一次 LED 的显示，则需要分频得到 1 Hz 的频率。根据分频器的学习，若要使计数值为 CNT_MAX 时，对某信号翻转即可得到 1 Hz 的信号，结合 100 MHz 的工作频率，则应使 CNT_MAX 为 49_999_999。

要使 4 个 LED 循环点亮，可以根据 LED 亮/灭的特征，使用移位操作得到相应的信号，然后使用该信号控制 LED 即可。此时，需要考虑从左向右时依次点亮和从左向右依次熄灭两种情况，可添加变量 flag 来分别处理这两种情况，思路清晰，编程方便。

要使 4 个 LED 循环点亮，也可以使用状态机建模。首先依次点亮到完全熄灭，共经历了 8 个状态，再结合之前的输出型编码，可以实现完成状态机代码。

状态图如图 6-13 所示。

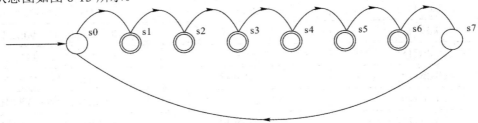

图 6-13　计数器状态图

图 6-13 的状态图中，状态转换不需要条件，次态只跟当前状态相关。

三、设计与仿真

依据上述设计分析可知，流水灯控制器可以通过两种方法实现，下面分别进行说明。

第一种方法：采用移位操作来实现。

【例 6-15】　设计源码—移位寄存器建模。

```
module leds_run_shift(clk,rst,led);
    input rst,clk;
    output[3:0] led;
    //计数变量  cnt
```

```
    reg[1:0] cnt;
    always @(posedge clk,negedge rst)    begin
            if(!rst) cnt<=0;
            else    cnt<=cnt+1;
       end
//两种情况处理变量 flag
    reg flag;
    always @(posedge clk,negedge rst)    begin
            if(!rst)  flag<=0;
            else              begin
                        if(cnt==3) flag<=~flag;
                 end
       end
//输出变量 led
    reg[3:0] led;
    always @(posedge clk,negedge rst)    begin
            if(!rst) begin led=4'b0000; end
            else            begin
                        if(!flag) begin
                             if(cnt==0) led=4'b0001;
                             else          led<=(led<<1)+1;
                        end
                        else begin
                             if(cnt==0) led=8'b1110;
                             else    led<=led<<1;
                        end
                   end
       end
    endmodule
```

下面对上述电路设计代码进行说明。

(1) 假定该设计工作频率为 1 Hz，不需要分频，而实际工作频率通常较高，就需要分频。假定实际工作频率为 100 MHz，如果实现 1 s 切换一次 LED 的显示，则需要分频得到 1 Hz 的频率。根据分频器的学习，若要使计数值为 CNT_MAX 时，对某信号翻转即可得到 Hz 的信号，结合 100 MHz 的工作频率，则应使 CNT_MAX 为 49_999_999。

(2) 计数变量 cnt、两种情况处理变量 flag 和输出变量 led 都单独进行处理，一个变量仅使用一个 always 语句块实现，即可使代码清晰、易懂、易维护。

(3) 计数变量 cnt 加 1 的条件是：每一个 1 Hz 信号的上升沿。

(4) 两种情况处理变量 flag 改变状态的条件是：计数值达到 3。

(5) 输出变量 led 要根据设计要求，结合计数变量和两种情况处理变量进行适当的赋值。

第二种方法：采用状态机建模方法实现。

【例 6-16】 设计源码—状态机建模。

```
module leds_run_sm(clk,rst,led);
    input clk,rst;
    output[3:0] led;
    reg[3:0] led;
    parameter zero=4'b0000, one=4'b0001, two=4'b0011, three=4'b0111,
              four=4'b1111, five=4'b1110, six=4'b1100, seven=4'b1000;
    always@(posedge clk or negedge rst) begin
        if(!rst) led = zero;
        else begin
            case(led)
                zero: led = one;
                one: led = two;
                two: led = three;
                three: led = four;
                four: led = five;
                five: led = six;
                six: led = seven;
                seven: led = zero;
            endcase
        end
    end
endmodule
```

下面对上述电路设计代码进行说明。

(1) 假定该设计工作频率为 1 Hz，不需要分频，而实际工作频率通常较高，就需要分频。

(2) 状态编码使用直接输出型，就可以省去输出变量的处理。读者也可以对代码进行改写，使用直接状态编码，同时添加输出变量赋值。

(3) 使用直接输出型编码时，会出现状态编码一致的情况。例如，有 6 个状态控制 4 个 LED 灯，灯的状态依次为 0001、0010、0100、1000、0100、0010，其中的第 2 个状态和第 6 个状态就完全一致了，此时可将状态编码扩展为 5 位，即 0_0001、0_0010、0_0100、0_1000、1_0100、1_0010，其中的最后 5 位只是用于将原来相同的状态区分开，没有实际意义，灯的状态由状态编码的低四位实现。

【例 6-17】 测试源码。

```
/module leds_run_tb;
    reg clk,rst;
    wire[3:0] led1,led2;
    //将两种实现方式在同一测试台进行输出结果对比
```

```
     leds_run_shift   U1(
        .clk(clk),
        .rst(rst),
        .led(led1)
        );
     leds_run_sm   U2(
        .clk(clk),
        .rst(rst),
        .led(led2)
        );
      //clk 激励
     initial begin
        clk = 0;
        forever #5 clk = ~clk;
     end
     //rst 激励
     initial begin
        rst = 1;
        #7 rst = 0;
        #17 rst = 1;
     end
   endmodule
```

下面对上述电路仿真代码进行说明：

(1) 本代码将两种实现方式在同一测试台进行输出结果对比。由于两种实现方式输入完全相同，因此放在一起测试不添加任何工作量，只需多增加一个例化语句即可。同时，输出结果可以放在一起进行比较。

(2) 在状态机中使用直接输出型编码，意味着可以直接将输出型编码赋值给输出，即可实现输出的控制。

(3) 仿真波形如图 6-14 所示。由图 6-14 可知，两种实现方式都实现了预定流水灯效果，而且效果完全一致。

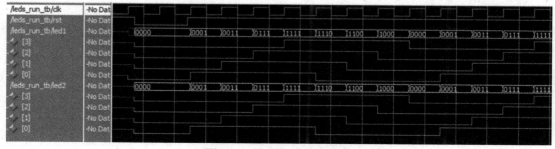

图 6-14　流水灯仿真波形图

在实际应用中，还需要考虑实际应用环境的工作频率，可通过对给定的工作频率进行分频得到流水灯的切换频率，进而控制流水灯正常工作。

任务 6.5　交通灯控制器设计

一、设计要求

基本要求：路口某一个方向的交通灯有 3 种状态，其控制时序为 30 s 红灯、3 s 黄灯、30 s 红灯。假定当前时钟频率为 1 Hz，请实现这种交通灯控制器。

拓展要求：实地调研十字路口四个方向的交通灯控制时序，使用 HDL 语言实现并进行仿真验证。

本任务涉及的知识点有状态机建模、状态转换条件、行为建模。

下面对这些知识点进行说明。

(1) 状态机建模。

状态机建模时需要弄清楚状态机编码以及状态转换条件。

(2) 状态转换条件。

状态机转换条件可能比较复杂，需要借助计数器来实现状态转换条件。本例的状态转换条件是计数值分别达到 30 和 3 的时候。

(3) 行为建模。

行为建模时需要理解题意，并转换成 HDL 语言实现。

二、设计分析

假设时钟频率为 1 Hz，则可以直接用该时钟来控制交通灯的切换。由于红灯、绿灯和黄灯均需要持续一定的时间，因此，每种灯持续时间需要一个计数器。红灯状态要持续计数 30 s 才能进入黄灯状态，黄灯状态要持续计数 3 s 才能进入绿灯状态，绿灯状态要持续计数 30 s 才能进入红灯状态。

根据状态切换的规律，可以设置一个包含红灯、黄灯和绿灯的总计数器，在到达相应计数值时进行状态切换，这种方法称为直接计数建模法。

直接计数法需要最大计数值为 63 s，从 0 开始计数，当计数到 29 时进行状态切换、计数到 32 时进行第二次状态切换、计数到 62 时回到最初的状态，计数依次循环，状态也实现了相应的切换。

当然，也可以直接确定三种状态，然后在状态内进行计数，当到了该状态的计时时间就切换到下一个状态，这种方法称为状态机建模法。

状态图如图 6-15 所示。

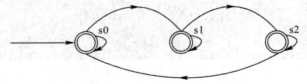

图 6-15　交通灯控制器状态图

图 6-15 中状态图对应的状态转换以及条件如表 6-3 所示。

表 6-3　状态转换以及条件

当前状态	次态	条　件
s0	s0	持续时间在 30 s 内
s0	s1	持续时间达到 30 s
s1	s1	持续时间在 3 s 内
s1	s2	持续时间达到 3 s
s2	s2	持续时间在 30 s 内
s2	s0	持续时间达到 30 s

依据上述状态图及状态转移条件，可以很容易地使用 HDL 语言来实现。

三、设计与仿真

依据上述设计分析可知，计数器可以通过两种方法来实现，下面分别进行说明。
第一种方法：直接计数建模法实现交通灯控制器。
【例 6-18】　交通灯控制器——直接计数器建模。

```
module traffic_cnt(clk,rst,led);
  input clk,rst;
  output reg[2:0] led;
  reg[2:0] state;
  reg[5:0] cnt;   //最大值 63
//计数变量 cnt，计到 62 后即置 0，共 63 秒
  always@(posedge clk, negedge rst) begin
    if(!rst) cnt<=0;
    else begin
      if(cnt==62) cnt<=0;
      else cnt<=cnt+1;
    end
  end
//交通灯
  always@(posedge clk, negedge rst) begin
    if(!rst) led<=3'b000;
    else begin
      if(cnt==62) led<=3'b001;
      else if(cnt==29) led<=3'b010;
      else if(cnt==32) led<=3'b100;
    end
  end
endmodule
```

第二种方法：使用状态机建模实现交通灯控制器。

【例 6-19】 交通灯控制器——状态机建模。

```verilog
module traffic_fsm(clk,rst,led);
    input clk,rst;
    output[2:0] led;
    reg[2:0] state;
    reg[4:0] cnt;    //最大值 31
    parameter s0=3'b001,s1=3'b010,s2=3'b100;    //直接输出型编码
    //状态机
    always@(posedge clk, negedge rst) begin
      if(!rst) begin
        state<=s0;
        cnt<=0;
      end
      else begin
        case(state)
          s0: if(cnt==29) begin
                state<=s1;
                cnt<=0;
              end
                else begin
                state<=s0;
                cnt<=cnt+1;
              end
          s1: if(cnt==2) begin
                state<=s2;
                cnt<=0;
              end
                else begin
                state<=s1;
                cnt<=cnt+1;
              end
          s2: if(cnt==29) begin
                state<=s0;
                cnt<=0;
              end
                else begin
                state<=s2;
                cnt<=cnt+1;
```

```
                        end
                default: begin
                    state<=s0;
                    cnt<=0;
                end
            endcase
        end
    end
    //输出
    assign led = state;
endmodule
```

针对以上两种设计方法，在同一个测试台上进行测试。

【例 6-20】　交通灯控制器设计的测试代码。

```
module traffic_tb;
    reg clk,rst;
    wire[2:0] led1,led2;
    traffic_fsm U1(clk,rst,led1);
    traffic_cnt U2(clk,rst,led2);
    //clk 激励
    initial begin
        clk = 0;
        forever #5 clk = ~clk;
    end
    //rst 激励:rst 有效期间有 clk 上升沿
    initial begin
        rst = 1;
        #7 rst = 0;
        #10 rst = 1;
    end
endmodule
```

由测试代码得出的测试波形如图 6-16 所示。

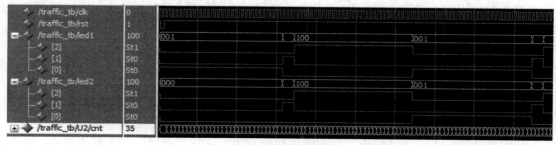

图 6-16　仿真波形

从图 6-16 中的仿真波形可以看出，两种交通灯实现的效果相同。具体红黄绿灯的持续时间可以观察 cnt 变量，可在仿真界面中通过缩放波形图察看变量值的变化。

任务 6.6　序列检测器设计

二进制序列检测器是一种用来检测一串输入的二进制编码，当该二进制码与事先设定的二进制码一致时，检测电路输出高电平，否则输出低电平。序列检测器应用的场合较多，可广泛用于日常生产、生活及军事。例如，安全防盗、密码认证等加密场合，以及在海量数据中对敏感信息的自动侦听等。

一、设计要求

在连续信号中，检测是否包含"110"序列，当包含该序列时，就输出一个脉冲信号。例如，"1110011001110001"序列串中出现了 3 次"110"，就应该输出 3 个脉冲信号。

本任务涉及的知识点有状态机建模、Moore 状态机、Mealy 状态机、行为建模。

下面对这些知识点进行说明。

(1) 状态机建模。

状态机建模时需要弄清楚状态机编码以及状态转换条件。

(2) Moore 状态机、Mealy 状态机。

这两种状态机的区别是输出是否跟输入相关。

另外，这两种状态机之间是有联系的，可以相互转化。

(3) 移位寄存器建模。

本例需要掌握移位寄存器的设计方法。移位寄存器大多使用在串入并出或并入串出的场合，是比较常用的电路。

在数字电路中，移位寄存器是一种在若干相同时间脉冲下工作的以触发器为基础的器件，数据以并行或串行的方式输入到该器件中，然后每个时间脉冲依次向左或右移动一个比特，最后在输出端进行输出。

二、设计分析

1. Mealy 状态机和 Moore 状态机

状态机一般包括组合逻辑和寄存器逻辑两部分。组合电路用于状态译码和产生输出信号，寄存器用于存储状态。一个典型的状态机电路模型如图 6-17 所示。

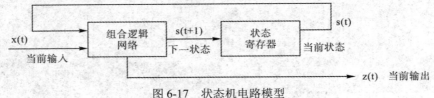

图 6-17　状态机电路模型

状态机的下一个状态及输出不仅与输入信号有关，还与寄存器的当前状态有关。根据输出信号产生方法的不同,状态机可分为米里(Mealy)型和摩尔(Moore)型。前者的输出是当前状态和输入信号的函数,见图 6-18;后者的输出仅是当前状态的函数,见图 6-19。

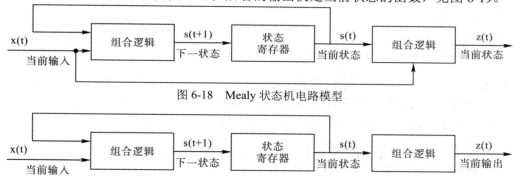

图 6-18　Mealy 状态机电路模型

图 6-19　Moore 状态机电路模型

两种状态机在实现硬件电路时,使用的状态和输出逻辑均有区别。在硬件设计时,根据需要决定采用哪种状态机。

2. "110"序列检测器设计分析

两种有限状态机可以进行转换,可以使用一种有限状态机实现的设计,也可以转换成使用另一种有限状态机进行设计。

使用 Mealy 状态机实现"110"序列检测器需要使用 3 个状态,如图 6-20 所示。使用 Moore 状态机实现"110"序列检测器需要使用 4 个状态,如图 6-21 所示。

图 6-20　"110"序列检测器状态图
(使用 Mealy 状态机)

图 6-21　"110"序列检测器状态图
(使用 Moore 状态机)

有了状态图就可以使用状态机建模来实现序列检测器。

序列检测器除了使用状态机建模,还可以使用移位寄存器来实现。显然,实现"110"序列检测需要使用 3 个 D 触发器,将 3 个 D 触发器的输出与"110"匹配即可实现序列检测。其电路原理图如图 6-22 所示。

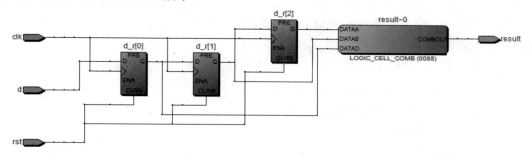

图 6-22　"110"序列检测器电路图

图 6-22 的电路图中，如果最后的组合逻辑实现的是相与功能，且相与的变量是 D1 和 D2 这两个 D 触发器的直接输出以及第一个 D 触发器输出后的取反，则该电路可以实现 "110" 的序列检测。

三、设计与仿真

依据上述设计分析可知，序列检测器可以通过三种方法来实现，下面分别进行说明。

第一种方法：采用移位寄存器实现的序列检测器。

【例 6-21】 序列检测器设计—移位寄存器建模。

```
//实现"110"检测, 使用移位寄存器
module seq110_shift(clk,rst,d,result);
    input clk,rst,d;
    output result;
    //实现移位寄存器输出的中间变量
    reg[2:0] d_r;
    always@(posedge clk, negedge rst) begin
        if(!rst) d_r <= 3'b000;
        else begin
            d_r[0] <= d;
            d_r[1] <= d_r[0];
            d_r[2] <= d_r[1];
        end
    end
    //实现 "110" 序列检测
    assign result = d_r[2] & d_r[1] & (~d_r[0]);
endmodule
```

下面对上述电路设计代码进行说明。

(1) d_r 是移位寄存器的输出，且该变量是 3 位的，代替 3 个 D 触发器，其中离输入 d 最近的 D 触发器的输出是 d_r[0]。

(2) d_r[2] & d_r[1] & (~d_r[0]) 为真时，意味着 d_r=3'b110，也就是说，此时序列中已经包含了 "110"，result 应输出高电平脉冲。

第二种方法：根据前面分析的 Moore 有限状态机的状态转移图，可以得出采用 Moore 有限状态机实现的序列检测器。

【例 6-22】 序列检测器设计——Moore 有限状态机建模。

```
//实现"110"检测, 使用 Moore 有限状态机
module seq110_moore(clk, rst, d, result);
        input clk,rst;
        input d;
        output result;
```

```
//状态转换
parameter s0=2'b00, s1=2'b01, s2=2'b10, s3=2'b11;
reg[1:0] next_st;
always@(posedge clk, negedge rst)
        if(!rst) next_st<=s0;
        else begin
            case(next_st)
              s0: if(d==1'b1) next_st<=s1;
                      else next_st<=s0;
              s1: if(d==1'b1) next_st<=s2;
                      else next_st<=s0;
              s2: if(d==1'b1) next_st<=s2;
                      else next_st<=s3;
              s3: if(d==1'b1) next_st<=s1;
                      else next_st<=s0;
              default: next_st<=s0;
            endcase
        end
//输出
assign result=(next_st==s3)? 1:0;
endmodule
```

下面对上述电路设计代码进行说明。

(1) Moore 有限状态机的输出仅跟当前状态有关，如下列语句所示。

```
assign result=(next_st==s3)? 1:0;
```

(2) 本例状态编码采用的是顺序编码，由于两个二进制位共有 4 种状态，所以没有非法状态，在使用 case 语句实现时，default 语句不起作用。读者也可以尝试使用其他编码类型完成本设计。

第三种方法：根据前面分析的 Mealy 有限状态机的状态转移图，可以得出采用 Mealy 有限状态机实现的序列检测器。

【例 6-23】 序列检测器设计——Mealy 有限状态机建模。

```
//实现"110"检测，使用 Mealy 有限状态机
module seq110_meally(clk,rst,d,result);
    input clk,rst;
    input d;
    output result;
    //状态转换
    parameter s0=2'b00, s1=2'b01, s2=2'b10;
    reg[1:0] next_st;
    always@(posedge clk, negedge rst)
```

```verilog
    if(!rst) next_st<=s0;
    else begin
        case(next_st)
            s0: if(d==1'b1) next_st<=s1;
                    else next_st<=s0;
            s1: if(d==1'b1) next_st<=s2;
                    else next_st<=s0;
            s2: if(d==1'b1) next_st<=s2;
                    else next_st<=s0;
            default: next_st<=s0;
        endcase
    end
//输出
reg result;
always@(posedge clk, negedge rst)
    if(!rst) result<=1'b0;
    else begin
        case(next_st)
            s2: if(d==1'b1) result<=1'b0;
                    else result<=1'b1;
            default: result<=1'b0;
        endcase
    end
endmodule
```

下面对上述电路设计代码进行说明。

(1) Mealy 有限状态机的输出不仅跟当前状态有关，而且还跟输入有关(见代码中实现 result 的 always 语句块)。

(2) 本例状态编码采用的是顺序编码，由于两个二进制位共有 4 种状态，所以有非法状态。在使用 case 语句实现时，需要使用 default 语句，否则，会产生锁存器。读者也可以尝试使用其他编码类型完成本设计。

将三种实现方式统一在一个 testbench 上进行测试，并比较结果。

【例 6-24】 "110" 序列检测器的测试代码。

```verilog
module seq110_tb;
    reg clk,rst,d;
    wire result1,result2,result3;
    //例化：位置关联
    seq110_shift    U1(clk,rst,d,result1);
    seq110_moore    U2(clk,rst,d,result2);
    seq110_meally  U3(clk,rst,d,result3);
```

```
//clk 激励
initial begin
    clk = 0;
    forever #5 clk = ~clk;
end
//rst 激励
initial begin
    rst = 1;
    #7 rst = 0;
    #17 rst = 1;
end
//d: 通过使用 $random 产生随机数, 对 2 取模后则随机产生 0 或 1
initial begin
    #1
    d = 0;
    forever #10 d = ($random)%2;
end
endmodule
```

下面对上述电路仿真代码进行说明。

(1) 本代码将三种实现方式在同一测试台进行输出结果对比。由于三种实现方式输入激励完全相同，因此放在一起测试不添加任何工作量，只需多增加两个例化语句即可。同时，输出可以放在一起进行比较。

(2) 输入的序列通过每 10 个时间单位产生的随机数生成，该随机数序列由二进制位 0 和 1 构成。

(3) 序列检测器的仿真波形如图 6-23 所示。从仿真波形中可以看出，该设计的三种实现方法均完成了"110"序列检测器的功能。

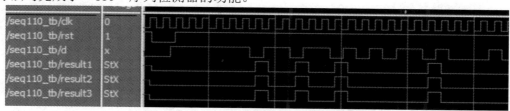

图 6-23 "110"序列检测器功能仿真波形

任务 6.7 汉字显示设计

一、设计要求

基本要求：在 ModelSim 仿真窗口横向显示"深圳特区"4 个字。

拓展要求：在完成基本要求的基础上，尝试打印图形，如国旗、国徽等；或者打印更多的汉字，如"深圳经济特区""核心价值观"等。

本任务涉及的知识点有数组、字模、文件存取、可综合设计源数据的使用。

下面对这些知识点进行说明。

(1) 数组。

数组可用于批量存放数据，同样的数据可以采用任何维度数组进行存放。建议根据存放数据的特征来规划数组的维度。

数组元素可以打印出来，可以更直观地了解多维数组的行列标号与数据的关系，对于理解代码的含义更有帮助。

(2) 字模。

不仅要清楚字模的含义，尤其要结合点阵图形来理解，而且还需要掌握字模软件的使用，特别是字模软件上各种参数的含义和使用方法。

(3) 文件存取。

由于字模数据量较大，因此建议将字模数据存放在文件中，使用文件读取函数获取数据。

(4) 可综合设计源数据的使用。

在进行可综合设计中，源数据可以通过参数或者存储器来存取。具体操作可参见任务6.10 "信号发生器的设计"中使用源数据的方法。

二、设计分析

汉字显示需要用到字模工具，本任务使用的字模工具为 PCtoLCD2002。使用该字模工具时，按如图 6-23 所示界面选择各选项，包括点阵格式、取模方式、取模走向、每行显示数据、像素大小、自定义格式等。读者按如图 6-24 所示界面选择各选项，既可以复现本任务后续的内容，也可以更方便地理解本任务后续的内容。

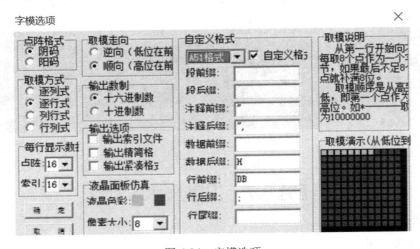

图 6-24　字模选项

取汉字字模的方法如图 6-25 所示。

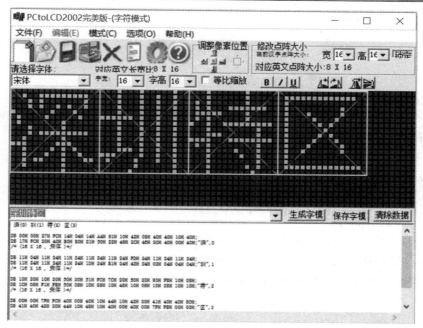

图 6-25　取字模

可以使用一维数组、二维数组、三维数组、四维数组来存储汉字信息，并以图形的方式显示汉字。

下面使用一个示例来说明数组元素与数组行列标号之间的关系。在使用多维数组时，需注意多维标号与元素之间的对应关系。

【例 6-25】　数组元素示例。

```verilog
module tb_reg_array;
    reg[2:0] regA;
    reg arrayB[2:0];
    reg[3:0] arrayC[2:0][1:0];
    integer i,j;
    initial begin
        //赋初值
        regA=3'b110;
        for(i=0;i<3;i=i+1)
            arrayB[i] = regA[i];
        for(j=0;j<2;j=j+1)
            for(i=0;i<3;i=i+1)
            arrayC[i][j]={4{regA[i]}};
        //打印二维数组
        for(j=0;j<2;j=j+1) begin
            $display("\n");        //3 行输出完增加一个空行
            for(i=0;i<3;i=i+1)
```

```
        $display("%b\t",arrayC[i][j]);
      end
   end
//输出变量和一维数组
initial begin
$monitor("regA=%b, arrayB[0]=%b, arrayB[1]=%b, arrayB[2]=%b", regA, arrayB[0],arrayB[1],
arrayB[2]);
   end
endmodule
```

下面对上述电路设计代码进行说明。

(1) 本例为数组练习。

(2) regA 为位宽为 3 的寄存器变量；arrayB 为含有 3 个元素的数组，每个元素都是位宽为 1 的寄存器变量；arrayC 为 3 行 2 列的数组，每个元素都是位宽为 4 的寄存器变量。

(3) 本例运行结果如图 6-26 所示，请读者结合代码来理解。

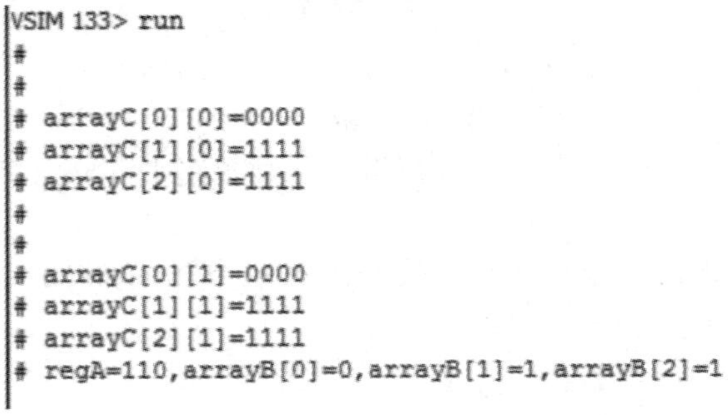

```
VSIM 133> run
#
#
# arrayC[0][0]=0000
# arrayC[1][0]=1111
# arrayC[2][0]=1111
#
#
# arrayC[0][1]=0000
# arrayC[1][1]=1111
# arrayC[2][1]=1111
# regA=110,arrayB[0]=0,arrayB[1]=1,arrayB[2]=1
```

图 6-26　运行结果

读者在使用多维数组时，可以使用上述方法来了解数组元素与数组行列标号之间的关系，有助于更准确地使用这些数据。

三、设计与仿真

下面介绍分别使用一维数组、二维数组、三维数组、四维数组来存储并打印汉字信息的方法。

【例 6-26】　使用一维数组打印汉字"人"(8 × 8)。

```
//人的 8 × 8 字模数据:00 08 08 08 18 28 24 42
//首先使用字模生成"人"的二进制数
module tb_array_hanzi1;
   reg[8-1:0] ren[8-1:0];
   integer i,m;
   initial begin
      //从字模软件生成的 TXT 文件中读入一维数组的数据
      //下面使用的是字模的相对路径
```

```
        $readmemh("./hanzi/zi_ren_8x8.txt",ren);
        //打印一维数组
        for(i=0;i<8;i=i+1) begin
            for(m=0;m<8;m=m+1) begin
                if((ren[i]>>(7-m))&8'b1)
                    $write("*");
                else
                    $write("");
            end
            $write("\n");        //1 行输出完换行
        end
    end
endmodule
```

下面对上述电路设计代码进行说明：

(1) 本例打印汉字"人"。

(2) 首先使用字模软件生成"人"的二进制数，"人"的 8 × 8 字模数据为 00 08 08 08 18 28 24 42，再将字模数据以如图 6-27 所示的格式存放在 zi_ren_8x8.txt 文件中。

关于该字模数据与"人"之间的对应关系，建议读者使用字模软件来理解。

(3) ren 是含有 8 个元素的一维数组，每个元素都是一个 8 位的寄存器变量。

(4) 本例在打印时，为 1 的位打印 *，为 0 的位打印空格。本例运行结果如图 6-28 所示，请读者结合代码来理解。

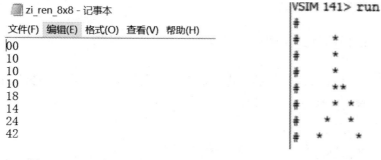

图 6-27   zi_ren_8x8.txt 文件内容   图 6-28   运行结果

【例 6-27】 使用二维数组打印汉字"人"(8 × 16)。

```
//打印是否正确的判断：打印的效果跟字模的效果要求一样
//注意：使用多维数组时，字模软件要设置成"逐行式"和"顺向"
//首先使用字模生成"人"的二进制数
module tb_array_hanzi2;
    reg[8-1:0] ren[8-1:0][2-1:0];
    integer i,j,m;
    initial begin
```

```
//从字模软件生成的 TXT 文件中读入二维数组的数据
//下面使用的是字模的相对路径
$readmemh("./hanzi/zi_ren_8x16.txt",ren);
//打印二维数组图形
for(i=0;i<8;i=i+1) begin
    for(j=0;j<2;j=j+1) begin
        for(m=0;m<8;m=m+1) begin
            if((ren[i][j]>>(7-m))&8'b1)
                $write("*");
            else
                $write("");
        end
    end
    $write("\n");        //1 行输出完换行
end
//打印二维数组元素
for(i=0;i<8;i=i+1) begin
    for(j=0;j<2;j=j+1) begin
        $display("ren[%1d][%1d]=%h\t",i,j,ren[i][j]);
    end
end
end
endmodule
```

下面对上述电路设计代码进行说明。

(1) 本例打印汉字"人"。

(2) 首先使用字模软件生成"人"的二进制数，再将人的 8×16 字模数据以如图 6-29 所示的格式存放在 zi_ren_8x16.txt 文件中。

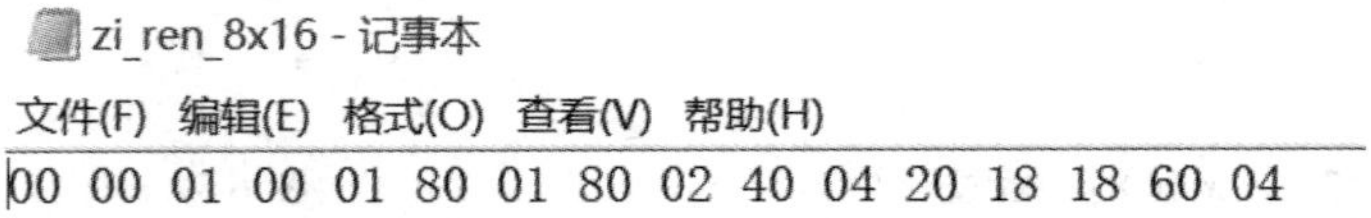

```
zi_ren_8x16 - 记事本
文件(F)  编辑(E)  格式(O)  查看(V)  帮助(H)
00 00 01 00 01 80 01 80 02 40 04 20 18 18 60 04
```

图 6-29 zi_ren_8x8.txt 文件内容

(3) ren 是含有 16 个元素的二维数组，每个元素都是一个 8 位的寄存器变量。

(4) 本例在打印时，为 1 的位打印*，为 0 的位打印空格。本例运行结果如图 6-30 所示，请读者结合代码来理解。

(5) ren 也可以使用一维数组来表示，并实现同样的打印效果。感兴趣的读者可自行完成代码设计。

(6) 使用多维数组时，字模软件要设置成"逐行式"和"顺向"，这与字模和数组的数据之间的对应关系相关。

(7) 打印的效果跟字模的效果要求是否一样，是打印结果是否正确的判断标准。

(8) 读者可以打印出数组的各元素，以了解数组元素的存放方式。另外，也可以将图 6-31 和 zi_ren_8x16.txt 文件作比较，以便于更容易地掌握数组的存放与字模的关系。

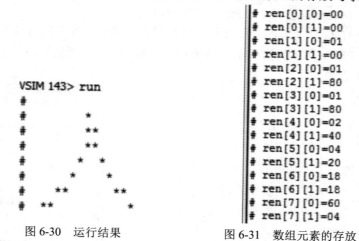

图 6-30 运行结果   图 6-31 数组元素的存放

【例 6-28】 使用三维数组打印汉字"深"(24 × 16)。

```
//首先使用字模生成"深"的二进制数
module tb_array_hanzi3;
    reg[7:0] shen[2-1:0][8-1:0][3-1:0];
    integer i,j,k,m;
    initial begin
        //从字模软件生成的 TXT 文件中读入三维数组的数据
        $readmemh("./hanzi/zi_shen_16x24.txt",shen);
        //打印三维数组
        for(k=0; k<2; k=k+1) begin
          for(i=0; i<8; i=i+1) begin
              for(j=0; j<3; j=j+1) begin
                for(m=0; m<8;m=m+1) begin
                    if((shen[k][i][j]>>(7-m))&8'b1)
                        $write("*");
                    else
                        $write("");
                end
              end
              $write("\n");      //1 行输出完换行
          end
        end
    end
endmodule
```

下面对上述电路设计代码进行说明。

(1) 本例打印汉字"深"。

(2) 首先使用字模软件生成"深"的二进制数，再将深的 16×24 字模数据以下面的格式存放在 zi_shen_16x24.txt 文件中，如图 6-32 所示。

(3) shen 是含有 48 个元素的三维数组，每个元素都是一个 8 位的寄存器变量。

(4) 本例在打印时，为 1 的位打印*，为 0 的位打印空格。本例运行结果如图 6-33 所示，请读者结合代码来理解。

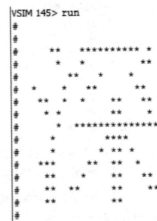

图 6-33　运行结果

```
zi_shen_16x24 - 记事本
文件(F)  编辑(E)  格式(O)  查看(V)  帮助(H)
00 00 00 00 00 00 0C 7F E8 04 40 18 01 88 40 42
30 30 32 43 18 14 03 08 04 FF FC 08 07 80 08 0B
40 38 33 20 18 43 18 19 83 0C 18 03 00 00 00 00
```

图 6-32　zi_ren_8x8.txt 文件内容

【例 6-29】　使用四维数组打印四个汉字"深圳特区"(横着打印)。

```verilog
//首先使用字模生成"深圳特区"四个汉字的二进制数，每个汉字 16×16
module tb_array_hanzi6;
    reg[7:0] shenzhenxinxi[4-1:0][2-1:0][8-1:0][2-1:0];
    integer i,j,k,n,m;
    initial begin
        //从字模软件生成的 TXT 文件中读入四维数组的数据
        $readmemh("./hanzi/shenzhentequ_16x16.txt",shenzhenxinxi);
        //打印四维数组
        for(k=0;k<2;k=k+1) begin
            for(i=0;i<8;i=i+1) begin
                for(n=0;n<4;n=n+1) begin
                    for(j=0;j<2;j=j+1) begin
                        for(m=0;m<8;m=m+1) begin
                            if((shenzhenxinxi[n][k][i][j]>>(7-m))&8'b1)
                                $write("*");
                            else
                                $write("");
                        end
                    end
                end
            end
        end
```

```
                end
                $write("\n");      //1 行输出完换行
            end
        end
    end
endmodule
```

下面对上述电路设计代码进行说明：

(1) 本例横向打印 4 个汉字"深圳特区"。

(2) 首先使用字模软件生成"深圳特区"的二进制数，再将深圳特区的 16×16 字模数据以图 6-34 的格式存放在 shenzhentequ_16x16.txt 文件中。

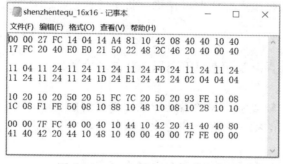

图 6-34　zi_ren_8x8.txt 文件内容

(3) shenzhentequ 是含有 8×16 个元素的四维数组，每个元素都是一个 8 位的寄存器变量，其定义如下：

```
reg[7:0] shenzhentequ [4-1:0][2-1:0][8-1:0][2-1:0];
```

(4) 本例在打印时，为 1 的位打印*，为 0 的位打印空格。本例运行结果如图 6-35 所示，请读者结合代码来理解。

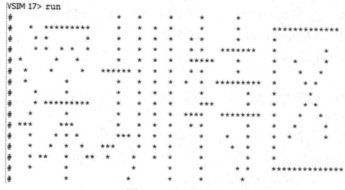

图 6-35　运行结果

(5) 读者可以尝试使用 3 维数组来实现打印"深圳特区"这四个字。(提示：3 维数组的定义为 reg[7:0] shenzhenxinxi[8-1:0][8-1:0][2-1:0]; 。代码实现部分由读者自行完成。)

(6) 读者也可以尝试针对多个汉字打印出竖向排列的效果(感兴趣的读者可自行完成)。

另外，在硬件实现图形或汉字显示时，通常要将 for 循环语句使用流水线或状态机来实现提升系统工作频率。

任务 6.8　梯形波设计

一、设计要求

基本要求：生成周期性梯形波。在一个周期内的波形分成三段，第一段是从 0 上升至最大值的阶段，第二段是维持最大值的水平阶段，第三段是从最大值下降到 0 的阶段，要求这三段持续时间相等。

拓展要求：在完成基本要求后，再完成锯齿波、三角波等。

本任务仿真涉及的知识点有状态机建模、状态转换条件、行为建模。

下面对这些知识点进行说明。

(1) 状态机建模。

状态机建模时需要弄清楚状态机编码以及状态转换条件。

(2) 状态转换条件。

状态机转换条件比较复杂，需要借助计数器来实现状态转换条件。由于要求各段持续时间一致，因此，本例的状态转换条件是计数值分别达到 255 时。

(3) 行为建模。

行为建模时需要理解题意，并转换成程序语言实现。

二、设计分析

假定数字量位宽为 8 bit，则波形最高点对应数字量 255，波形最低点对应数字量 0。波形包含上升、水平和下降三段，每段可使用计数器实现，上升段采用加 1 计数器，水平采用加 0 计数器，下降段采用减 1 计数器。实现方法是首先向上计数，即波形对应的计数值则由 0 上升到 255；然后转为水平计数，波形对应的计数值维持在 255 不变；最后再向下计数，波形对应的计数值由 255 下降到 0，依此循环。

上面的实现方法中包括三段，因此，需要一个变量来标示当前正在实现的是三段中的哪一段。

由于一个周期内上升段、水平段和下降段的持续时间相同，因此，需要一个计数变量来计量各段的持续时间。

除了上述实现方法外，也可以考虑采用状态机来实现。该状态机可以包含 3 个状态，分别对应着上述三段。状态机一般包括组合逻辑和寄存器逻辑两部分。组合电路用于状态译码和产生输出信号，寄存器用于存储状态。

状态图如图 6-36 所示。

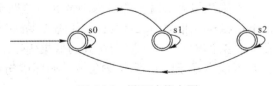

图 6-36　梯形波状态图

图 6-36 状态图对应的状态转换以及条件如表 6-4 所示。

表 6-4   状态转换以及条件

当前状态	次态	条 件
s0	s0	计数值未达到 255
s0	s1	计数值达到 255
s1	s1	计数值未达到 255
s1	s2	计数值达到 255
s2	s2	计数值未达到 255
s2	s0	计数值达到 255

三、设计与仿真

依据上述设计分析可知，梯形波可以通过两种方法来实现，下面分别进行说明。

第一种方法：直接采用计数器建模来实现梯形波。

【例 6-30】 设计源码——三段式计数器建模。

```
//使用三段计数器方式实现梯形波[上、平、下]
module segment_cnt(clk,rst,d_out);
   input wire clk;
   input wire rst;
   output reg[7:0] d_out;   //0~255
   //延时计时  t_cnt: 0~255
   reg[7:0] t_cnt; //计时用，上升、顶、下降持续时间均为 255
   always@(posedge clk,negedge rst)begin
      if(!rst) t_cnt <= 0;
      else t_cnt <= t_cnt + 1;
   end
   //标记阶段变量  flag
   reg[1:0] flag;   //用于标示三个阶段的变量
   always@(posedge clk,negedge rst)begin
      if(!rst) flag <= 2'b00;
      else begin
         if(t_cnt==255) begin
            if(flag==2'b10) flag=2'b00;
            else flag <= flag + 1;
         end
      end
   end
   //输出变量
   always@(posedge clk,negedge rst)begin
```

```verilog
            if(!rst) d_out <= 0;
            else begin
              if(flag==2'b00) begin
                  if(d_out==255) d_out <= 255;
                  else d_out <= d_out + 1;
              end
              if(flag==2'b01) d_out <= 255;
              if(flag==2'b10) begin
                  if(d_out==0) d_out <= 0;
                  else d_out <= d_out - 1;
              end
            end
          end
      endmodule
```

下面对上述电路设计代码进行说明。

(1) 上面的实现方法中包括三段，使用变量 flag 来标示当前正在实现的是三段中的哪一段，其值为 0 表示上升段、其值为 1 表示水平段、其值为 2 表示下降段。

(2) 由于一个周期内上升段、水平段和下降段的持续时间相同，使用计数变量 t_cnt 来标示，各段的持续时间都是 255 个时钟周期。即三段之间的转换条件是 t_cnt = 255。

(3) 在波形信号三段的交替处，为了防止数据发生变化，对数据作了简单处理，当前一段数据计到最大值后保持为最大值，当前一段数据计到最小值后则保持为最小值。

第二种方法：直接采用状态机建模来实现梯形波。

【例 6-31】 设计源码——状态机建模。

```verilog
//三个状态的状态机建模实现梯形波(上、平、下)
module segment_st(clk,rst,d_out);
    input wire clk;
    input wire rst;
    output reg[7:0] d_out;   //0~255
    //延时计时  t_cnt: 0~255
    reg[7:0] t_cnt; //计时用，上升、顶、下降持续时间均为255
    always@(posedge clk,negedge rst)begin
      if(!rst) t_cnt <= 0;
      else t_cnt <= t_cnt + 1;
    end
    //通常使用参数定义状态
    parameter S0=2'b00, S1=2'b01,S2=2'b10;
    reg[1:0] state;   //三个状态
    //次态
```

```verilog
always@(posedge clk,negedge rst)begin
    if(!rst) begin
        state <= S0;
    end
    else begin
        case(state)
            S0:    begin
                if(t_cnt==255) state <= S1;
                else state <= S0;
            end
            S1: begin
                if(t_cnt==255) state <= S2;
                else    state <= S1;
            end
            S2: begin
                if(t_cnt==255) state <= S0;
                else state <= S2;
            end
            default: state <= S0;
        endcase
    end
end
//输出数据
always@(posedge clk,negedge rst)begin
    if(!rst) begin
        d_out <= 0;
    end
    else begin
        case(state)
            S0: if(d_out==255) d_out <= 255;
                else d_out <= d_out + 1;
            S1: d_out <= 255;
            S2: if(d_out==0) d_out <= 0;
                else d_out <= d_out - 1;
            default: d_out <= d_out;
        endcase
    end
end
endmodule
```

　　下面对上述电路设计代码进行说明。

　　(1) 上面的实现方法中包括三段，每一段对应一个状态，因此，使用 3 个状态来实现三个段，其中 S0 表示上升段、S1 表示水平段、S2 表示下降段。

　　(2) 由于一个周期内上升段、水平段和下降段的持续时间相同，使用计数变量 t_cnt 来标示，各段的持续时间都是 255 个时钟周期。所以，状态的转换条件是 t_cnt = 255。

　　(3) 在波形信号三段的交替处，为了防止数据发生变化，对数据作了简单处理，当前一段数据计到最大值后保持为最大值，当前一段数据计到最小值后则保持为最小值。

　　(4) 状态机实现方式与前一种实现方式的思路和原理相同，只是实现方式不同。实际设计中，每种电路都有多种实现方式，比较灵活，这也是 HDL 语言的强大之处。

　　【例 6-32】　测试台源码。

```verilog
//梯形波测试台: 需要配置 Radix(Unsigned)、Format(Analog)
module segment_tb;
    reg clk,rst;
    wire[7:0] d_out1,d_out2;
    //例化: 位置关联
    segment_cnt U1(clk,rst,d_out1);
    segment_st  U2(clk,rst,d_out2);
    //clk 激励
    initial begin
        clk = 0;
        forever #5 clk = ~clk;
    end
    //rst 激励
    initial begin
        rst = 1;
        #7 rst = 0;
        #17 rst = 1;
    end
endmodule
```

　　下面对上述电路仿真代码进行说明。

　　(1) 本代码将两种实现方式在同一测试台进行输出结果对比。由于两种实现方式输入激励完全相同，因此放在一起测试不添加任何工作量，只需多增加一个例化语句即可。同时，输出可以放在一起进行比较。

　　(2) 仿真时，可以通过观察其他中间变量进行代码调试，如观察 U1 模块中的 t_cnt、flag 变量，U2 模块中的 t_cnt、state 变量等。注意，在调试代码时，观察这些中间变量比较重要。

　　(3) 梯形波的仿真波形如图 6-37 所示，将中间调试变量也加到了波形中。从仿真波形可以看出，该设计的两种实现方法均实现了梯形波的功能。需要说明的是，d_out1 和 d_out2 初始时都是二进制数，通过右键单击相应信号，将信号的 Radix 属性设置为"Unsigned"，

Format 属性设置为"Analog"，即可看到梯形波。

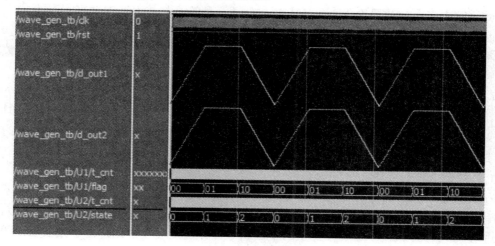

图 6-37　梯形波的仿真波形

读者也可以尝试完成本任务的拓展练习，如包含上升和下降两段波形的三角波以及包含上升、水平、下降和水平四段的波形。图 6-38 所示为三角波示例。

图 6-38　三角波

任务6.9　数字钟设计

一、设计要求

编写一个具有秒、分、小时计时功能的数字钟，可以实现一个小时以内误差不超过 1 s 的精确计时。要求具有复位功能，复位后，从 00:00:00 开始计数。设计要求如图 6-39 所示。

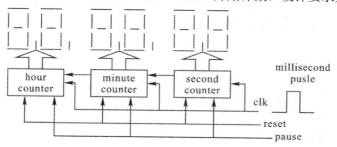

图 6-39　设计要求

本任务涉及的知识点有数字钟、计数器、全局时钟、数据进制的选择。

下面对这些知识点进行说明。

(1) 数字钟。

数字钟由多个计数器构成，包括小时、分钟、秒等，都是由计数器来实现的。

(2) 计数器。

不同的计数器，其加减条件和停止条件都是独特的。读者可以通过学习小时计数器、分钟计数器和秒计数器的加 1 条件和停止条件来进一步加深理解。

(3) 全局时钟。

不同计数器变化的条件都是同一个时钟的上升沿，该时钟称为全局时钟。全局时钟可以保证设计的准确性和稳定性。在同一个系统中，应避免使用从系统时钟分频得到的信号作为时钟，所有的设计通常都使用同一个系统时钟。

(4) 数据进制的选择。

小时、分钟、秒这 3 个变量都选择使用十进制或者十六进制表示，对电路有着不同的影响。由于除法电路和求余电路会用到大量资源，因此，实现数字钟时推荐使用十六进制来表示小时、分钟和秒，这 3 个变量的个位和十位分别使用 4 个比特位单独表示，即避免除法电路和求余电路。这 3 个变量的个位和十位都使用计数器来实现，但每个计数器的计数条件和终止条件不同。例如，小时个位计数条件为分钟个位、分钟十位、秒个位、秒十位都达到了最大值了；小时个位的终止条件与小时十位相关，如果小时十位为 0 或 1，则该终止条件为 9，如果小时十位为 2，则该终止条件为 3。

二、设计分析

本例主要实现了计数及进位的设计。

假设实际工作频率为 100 MHz。如果实现 1 s 进行一次加 1 计数，则需要分频得到 1 Hz 的频率。根据分频器的学习，若要使计数值为 CNT_MAX 时对某信号翻转即可得到 1 Hz 的信号，结合 100 MHz 的工作频率，则应使 CNT_MAX 为 49_999_999。

秒加 1 计数的条件为计数值为 CNT_MAX；终止计数的条件为完成 1 min 计时，即最大值为 59。

分钟加 1 计数的条件为计数值为 CNT_MAX 且秒计数值为 59；终止计数的条件为完成 1 小时计时，即最大值为 59。

小时加 1 计数的条件为计数值为 CNT_MAX，秒计数值为 59，分钟计数值为 59；终止计数的条件为完成 1 天计时，即最大值为 23。

这样可以完成的计时范围为 00:00:00~23:59:59。

三、设计与仿真

依据上述设计分析，可以直接实现数字钟。

【例 6-33】 数字钟设计代码(仅时分秒计时)。

```
//输入时钟为 100 MHz, 用实际开发板验证时要根据开发板的实际频率进行调整
module clock(
    input clk,
    input rst,
```

```verilog
  output[7:0] hour_H,
  output[7:0] min_H,
  output[7:0] sec_H
  );
  reg[5:0] sec;    //十进制数
  reg[5:0] min;
  reg[4:0] hour;
  assign hour_H[3:0] = hour % 10;    //十进制数转换成十六进制数
  assign hour_H[7:4] = hour/ 10;
  assign min_H[3:0] = min % 10;
  assign min_H[7:4] = min/ 10;
  assign sec_H[3:0] = sec % 10;
  assign sec_H[7:4] = sec/ 10;
  //通用计数器，对 100 MHz 分频得到 1 Hz
    parameter CNT_MAX = 50_000_000 - 1;    //用于实际应用
    parameter CNT_MAX = 50 - 1;      //用于仿真，目的是加快仿真速度
    reg[25:0] cnt;
    always@(posedge clk, posedge rst) begin
       if(rst) cnt <= 0;
       else begin
          if(cnt == CNT_MAX) cnt <= 0;
          else cnt <= cnt + 1;
       end
  end
  //sec
  always@(posedge clk, posedge rst) begin
       if(rst) sec <= 0;
       else begin
         if(cnt == CNT_MAX) begin
           if(sec == 59) sec <= 0;
           else sec <= sec + 1;
         end
       end
  end
  //min
  always@(posedge clk, posedge rst) begin
       if(rst) begin
          min <= 0;
       end
```

```
        else begin
          if((cnt==CNT_MAX)&&(sec==59)) begin
            if(min == 59) min <= 0;
            else min <= min + 1;
          end
        end
      end
    //hour
    always@(posedge clk, posedge rst) begin
        if(rst) begin
          hour <= 0;
        end
        else begin
          if((cnt==CNT_MAX)&&(sec==59)&&(min==59)) begin
            if(hour == 24) hour <= 0;
            else hour <= hour + 1;
          end
        end
    end
  endmodule
```

下面对上述电路设计代码进行说明。

(1) hour_H、min_H、sec_H 使用十六进制来表示小时、分钟和秒，主要是为了后期应用的方便，如在数码管中显示这些信号。

(2) hour、min、sec 使用十进制来表示小时、分钟和秒，主要是为了方便加减操作。

(3) 十六进制和十进制数据的转换方法，使用以下代码来完成。

```
assign hour_H[3:0] = hour % 10;    //十进制转换成十六进制
assign hour_H[7:4] = hour/ 10;
assign min_H[3:0] = min % 10;
assign min_H[7:4] = min/ 10;
assign sec_H[3:0] = sec % 10;
assign sec_H[7:4] = sec/ 10;
```

(4) 由于除法电路和求余电路会用到大量资源，实现数字钟时可以使用十六进制来表示小时、分钟和秒，这 3 个变量的个位和十位分别使用 4 个比特单独表示，即可避免除法电路和求余电路。请读者按照这个思路将 hour、min、sec 改写为十六进制。

(5) 小时、分钟和秒变量都单独进行处理，一个变量仅使用一个 always 语句块实现，可使代码清晰、易懂、易维护。

(6) 小时、分钟和秒计数均使用同一个系统时钟 clk，而不是使用分频得到的中间变量作为时钟。

(7) 小时、分钟和秒计数变量的加 1 条件是不同的，请读者结合上述代码自行分析。
下面对数字钟进行仿真测试。

【例 6-34】 数字钟仿真代码。

```
//测试台：使用十六进制查看输出的时分秒变量 hour_H, min_H, sec_H，当然也可以使用十进制
//查看输出的时分秒变量 hour, min, sec，结果是一样的
module clock_tb;
    reg clk,rst;
    wire[7:0] hour_H,min_H,sec_H;
    //将两种实现方式在同一测试台进行输出结果对比
    clock   U1(
        .clk(clk),
        .rst(rst),
        .hour_H(hour_H),
        .min_H(min_H),
        .sec_H(sec_H)
        );
    //clk 激励
    initial begin
        clk = 0;
        forever #5 clk = ~clk;
    end
    //rst 激励
    initial begin
        rst = 1;
        #7 rst = 0;
        #17 rst = 1;
    end
endmodule
```

下面对上述电路仿真代码进行说明。

(1) hour_H、min_H、sec_H 使用十六进制来表示小时、分钟和秒，用仿真图展现这些
信号时需要设置成十六进制。

(2) hour、min、sec 使用十进制来表示小时、分钟和秒，用仿真图展现这些信号时需
要设置成十进制。由于这些信号不是端口信号，因此，需要把这些信号单独添加到仿真
波形中。

(3) 为了方便仿真，设定 CLK_100 Hz 的时钟周期为 10 ns。当然也可以采用实际的时
钟周期，如 10 ms，这对于功能仿真来说没有本质的区别。

(4) 为了加快仿真速度，使用了设计模块中的语句如下：

```
parameter CNT_MAX = 50 - 1;     //用于仿真，目的是加快仿真速度
```

在实际应用中，应结合实际的工作频率来设置最大计数值。

(5) 仿真波形如图 6-40、图 6-41 和图 6-42 所示，这些仿真波形图分别进行了不同的缩放处理，用于观察验证部分不同信号的正确性。

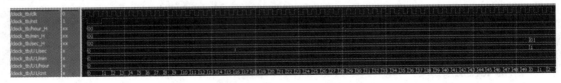

图 6-40　仿真波形"观察 cnt 和 sec"

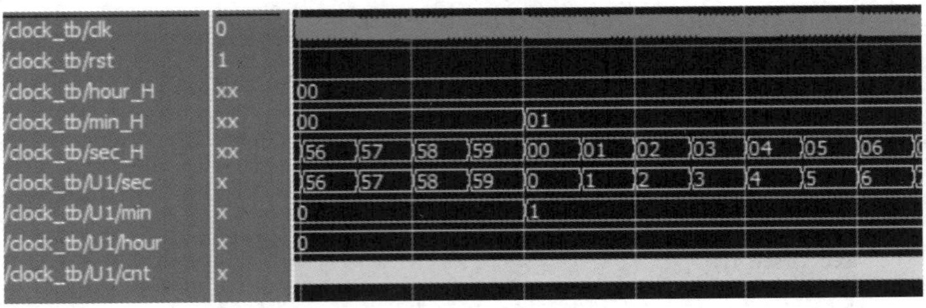

图 6-41　仿真波形"观察 sec 和 min"

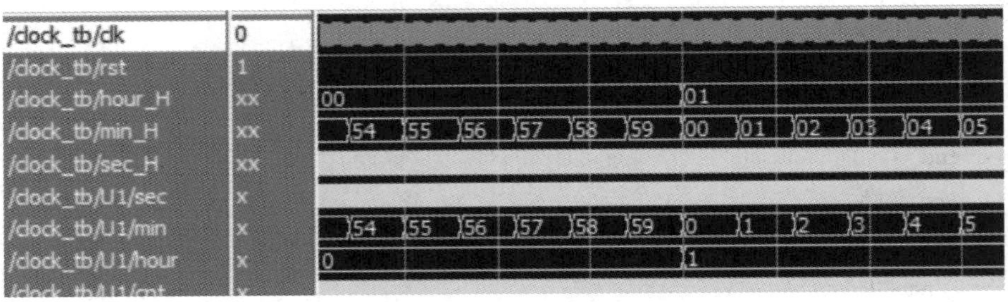

图 6-42　仿真波形"观察 min 和 hour"

针对仿真波形图，查看输出的时分秒变量 hour_H、min_H、sec_H 要使用十六进制，查看输出的时分秒变量 hour、min、sec 要使用十进制，即可保证在波形图上展现的结果是一样的。

任务 6.10　信号发生器设计

一、设计要求

设计信号发生器，具体要求如下：

(1) 包括正弦波信号、三角波信号两种波形。

(2) 可以选择输出其中任一种波形。

拓展要求：在完成基本要求后，在此信号发生器中添加锯齿波、梯形波、方波或其他任意波形。

本任务涉及的知识点有结构化建模、信号发生器、存储器、参数、信号波形的产生与处理。

下面对这些知识点进行说明。

(1) 结构化建模。

结构化建模时需要合理划分模块功能，并定义好模块端口，方便模块整合成更高一级的模块。

(2) 信号发生器。

可以在 ROM 中预先存储多种信号波形，然后设计实现选择任一波形输出，这就是本任务的信号发生器的实现方法。

(3) 存储器。

存储器可以使用多维数组建模，用于存储多种波形。本例将正弦波数据和三角波数据在上电时，分别存入了存储器的不同位置，以供在后续产生波形时使用。

如果产生的信号波形有一定的规律，也可以边计算边输出，而不需要使用存储器来存储原始波形数据。

(4) 参数。

将每一种波形的初始数据存储在参数中是一种常见的方法，这样就可以比较方便地使用数据了。例如，本例定义了两个参数 sin_dat 和 triangle_dat，且分别存放了正弦波的 50 个数据和三角波的 50 个数据。

(5) 信号波形的产生与处理。

正弦波数据都是 0~1 之间的小数，所以在使用这些数据时需要进行进一步处理。本任务对波形数据进行了统一处理，最大值为 200，最小值为 0，而在实际应用中，应根据实际应用的 AD 器件或 DA 器件的分辨率对波形数据进行相应的处理。

二、设计分析

信号发生器的结构由三部分组成：地址发生器、数据 ROM 和 D/A。其中，D/A 模块在实际应用中以 DAC 器件的形式发挥作用，所以本任务不作分析。

本任务实现地址发生器、数据 ROM 两部分功能，采用结构化建模将整个系统分成两个模块，分别为地址发生器模块、数据 ROM 模块，如图 6-43 所示。

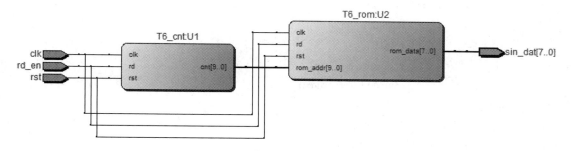

图 6-43　信号发生器的结构

数据 ROM 用于存取波形数据。本任务仅包括正弦波和三角波两种波形数据，将这两种波形数据分别存储于 ROM 的固定区域，在产生波形时读取波形数据即可。正弦波数据和三角波数据都取 50 个数据，并且分别存放于 ROM 的地址 100～149 和地址 251～300 两块区域。

地址发生器模块用于产生地址，控制 ROM 输出相应地址的数据。假定本任务的 ROM 可以存储 1024 个字节数据，地址位宽为 10 位。当输出正弦波时，则需要产生 100～149 这 50 个连续的字节地址；当输出三角波时，则需要产生 251～300 这 50 个连续的字节地址。

在实际应用中，信号发生器需要 DAC 器件的配合才可以实现，而且还需根据 DAC 器件的实际工作参数来调整数字量位宽。例如，DAC 器件分辨率为 10 bit，则可以将代码中的数据量位宽修改为 10 位，并对设计作同步修改。

三、设计与仿真

依据上述设计分析，可以直接实现信号发生器。

【例 6-35】 设计信号发生器。

```verilog
//顶层模块
module wave_gen(clk,rst,sel,rd,wav_dat);
  parameter N=10;   //10 根地址线
    input clk,rst;
    input sel; //选择信号，1 表示三角波，0 表示正弦波
    input rd;   //读信号
    output[7:0] wav_dat;
    wire[N-1:0] rom_addr;
    //例化地址发生器
    addr_gen U1(.clk(clk),
                .rst(rst),
                .sel(sel),
                .rd(rd),
                .addr(rom_addr));
    //例化 ROM
    wave_rom U2(.clk(clk),
                .rst(rst),
                .rd(rd),
                .rom_data(wav_dat),
                .rom_addr(rom_addr));
endmodule
//地址产生模块，产生正弦波数据的读取地址
module addr_gen(clk,rst,sel,rd,addr);
    parameter N=10;   //10 根地址线，计数值对应着地址
    input clk,rst,sel,rd;
```

```verilog
    output reg[N-1:0] addr;
    always@(posedge clk, negedge rst) begin
      if(!rst) begin
          if(sel) addr <= 251;
          else addr<=100;
      end
      else
        if(rd) begin
          if(sel) begin
              if((addr>=300)||(addr<251)) addr<=251;
              else addr <= addr + 1;
          end
          else begin
              if((addr>=149)||(addr<100)) addr<=100;
              else addr <= addr + 1;
          end
        end
    end
endmodule
//存入数据的 ROM
module wave_rom(clk,rst,rd,rom_data,rom_addr);
    parameter M=8,N=10;            //10 根地址线, 8 位数据的存储器
    input clk,rst,rd;              //rd 读使能信号
    input[N-1:0] rom_addr;
    output reg[M-1:0] rom_data;
    reg[M-1:0] memory[0:2**N-1];   //4 根地址线, 8 位数据的存储器
    //将 50 个正弦波数据存入参数 sin_dat
    parameter
sin_dat=400'h64707d89959fa9b2b9bfc3c6c7c7c5c1bcb6aea49a8f83776a5d5044382d2319110b06020
0000104080e151e28323e4a5763;
    //将 50 个三角波数据存入参数 triangle_dat
    parameter
triangle_dat=400'h000810192129323a424b535b646c747d858d969ea6afb7bfc8c8bfb7afa69e968d857
d746c645b534b423a32292119100800;
    integer i,flag;
    reg[400:0] sin_arr,tri_arr;
    //初始化 ROM
    always @(posedge clk,negedge rst)        begin
        if(!rst) begin
```

```
                    sin_arr = sin_dat;
                    tri_arr = triangle_dat;
                    i = 0;
                    flag = 0;
                end
                else
                    if(!flag) begin    //只初始化一次
                            //for 循环语句在一个时钟周期内实现
                            //将正弦波数据存入 ROM
                            for(i=100;i<150;i=i+1) begin
                                memory[i]=sin_arr[399:392];
                        sin_arr[399:0]={sin_arr[391:0],8'h00};
                            end
                            //将三角波数据存入 ROM
                              for(i=251;i<301;i=i+1) begin
                                memory[i]=tri_arr[399:392];
                        tri_arr[399:0]={tri_arr[391:0],8'h00};
                            end
                            flag=1;
                    end
                end
                //根据地址读取 ROM 数据
                always @(posedge clk,negedge rst)
                    if(!rst)
                        rom_data<=0;
                    else begin: read          //该顺序块用于读取 ROM 值
                        if(rd)
                            rom_data<=memory[rom_addr];
                    end
            endmodule
```

下面对上述电路设计代码进行说明。

(1) 由于数组无法初始化，所以本例定义了两个参数 sin_dat 和 triangle_dat，分别存放了正弦波的 50 个数据和三角波的 50 个数据。

(2) 波形数据可以通过 C 语言程序生成。C 程序代码如下：

【例 6-36】 C 程序代码。

```
#include "stdio.h"
#include "math.h"
#include "stdlib.h"
```

```
int main(void)
{
    int d_sin[51]={0},d_triangle[51]={0};
    int i;
    FILE *fp;
    //产生正弦波数据
    for(i=0;i<50;i++)
    {
        d_sin[i]=(int)(100*(sin(2*3.1415926*i/49)+1));
        printf("d_sin[%d]=%x\n",i,d_sin[i]);
    }
    printf("hello world\n");

    d_sin[50]=250;
    if((fp=fopen("sin.dat","w"))==NULL)
    {
        printf("cannot open the file!\n");
        printf("请输入文件以#结束: \n");
    }
    for(i=0;i<51;i++)
    {
        if(d_sin[i]!=250)
            fprintf(fp,"%2x",d_sin[i]);
    }
    fclose( fp);
    //产生三角波数据
    for(i=0;i<25;i++)
    {
        d_triangle[i]=(int)(i*200/24);
        printf("d_triangle[%d]=%x\n",i,d_triangle[i]);
    }
    //产生三角波数据
    for(i=25;i<50;i++)
    {
        d_triangle[i]=(int)((49-i)*200/24);
        printf("d_triangle[%d]=%x\n",i,d_triangle[i]);
    }
    printf("hello world\n");
    d_triangle[50]=250;
```

```
        if((fp=fopen("triangle.dat","w"))==NULL)
        {
            printf("cannot open the file!\n");
            printf("请输入文件以#结束: \n");
        }
        for(i=0;i<51;i++)
        {
            if(d_triangle[i]!=250)
                fprintf(fp,"%2x",d_triangle[i]);
        }
        fclose( fp);
        return 0;
    }
```

(3) 波形数据进行了统一处理，最大值为 200，最小值为 0。

(4) 该例首先将数据存入 ROM，再根据输入的地址读取相应的数据。在实际应用中，波形数据也可以通过其他方式存入 ROM，如预先存入或者通过其他控制器实时写入。

(5) 本例使用了结构化建模，定义了顶层模块并在其中例化了两个模块一。这种设计方法在大型设计或在需要多人合作的设计中，应用比较普遍。前面章节的各项目和任务也可以采用结构化建模方法，感兴趣的读者可自行进行改写实现。

下面对信号发生器进行仿真测试。

【例 6-37】 测试模块。

```
module wave_gen_tb;
    reg clk,rst,rd,sel;
    wire[7:0] wav_dat;
    //例化
    wave_gen UU(clk,rst,sel,rd,wav_dat);
    //clk 激励
    initial begin
        clk = 0;
        forever #5 clk = ~clk;
    end
    //rst 激励
    initial begin
        rst = 1;
        #7 rst = 0;
        #17 rst = 1;
    end
    //rd 激励
```

```
    initial begin
      rd = 0;
      #1000 rd = 1;
    end
    //sel 激励
    initial begin
      sel = 0;
      forever #5000 sel = ~sel;
    end
  endmodule
```

下面对上述电路仿真代码进行说明：

(1) sel 信号用作波形选择，控制输出相应的波形。sel=0 时，输出正弦波；sel=1 时，输出三角波。

(2) 仿真波形如图 6-44 所示。

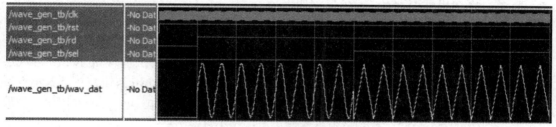

图 6-44　信号发生器的仿真波形

(3) 如果设计有误，可通过在仿真波形中观察各模块的内部变量来定位错误。

项 目 小 结

本项目讨论了以下电路设计：表决器、计数器、分频器、流水灯控制器、序列检测器、汉字显示电路、梯形波、数字钟、信号发生器等。

每个电路都涉及多个知识点，知识点或有重合，总结如下：

(1) 表决器：行为建模、数据流建模、结构建模、选择语句。

(2) 计数器：行为建模、结构化建模、状态机建模、计数器、图形化展示。

(3) 分频器：分频器、偶数分频、奇数分频、占空比。

(4) 流水灯控制器：状态机建模、行为建模。

(5) 序列检测器：状态机建模、Moore 状态机、Mealy 状态机、行为建模。

(6) 汉字显示电路：数组、字模、文件存取、可综合设计源数据的使用。

(7) 梯形波：状态机建模、状态转换条件、行为建模。

(8) 数字钟：数字钟、计数器、全局时钟、数据进制的选择。

(9) 信号发生器：结构化建模、信号发生器、存储器、参数、信号波形的产生与处理。

习　题　6

1. 将 2520 Hz 分频，分别得到 1、2、3、4、5、6、7、8、9、10 Hz 的频率。

2. 将 1024 Hz 分频，分别得到 1、2、4、8、16、32、64、128、256、512 Hz 的频率。

3. 实现饮料机售卖饮料，假定饮料机仅售卖 4 元的饮料，投币仅支持 1 元硬币(注：可以使用状态机建模，也可使用其他方法建模)。

4. 在信号发生器中添加如图 6-45 所示的非规则信号：

图 6-45　非规则波形(上、平、下、平)

5. 设计一个电梯控制器，具体要求如下：

(1) 电梯有 N 层，N 可根据实际情况变化。

(2) 电梯复位后停在一楼。

(3) 电梯内部每层均有相应的 stop 按钮；电梯外部除顶层外每层都有 up 按钮；除底层外每层都有 down 按钮；up 按钮被按下表示该层有人要去高层；down 按钮被按下表示该层有人要去低层；stop 按钮被按下表示该层有人要出电梯。对于 stop、up、down 按钮，当被按下后，相应的指示灯亮，直到该请求被满足后，指示灯才灭。

(4) 电梯运行过程中，上升、下降、停止时相应的指示灯亮；同时，楼层显示。

(5) 系统工作时钟不作要求，但要求电梯每 2 s 上升或下降一层。

6. 设计一个三位密码锁，具体要求如下：

(1) 密码锁开锁期间，用户可按 password 键，再自行设置 3 位数密码。若用户不自行设置，则密码默认为 666。

(2) 密码锁开锁时，用户输入 3 位数密码，若与所设置密码相同，则开锁；否则，密码锁保持关闭状态。开锁时，通过点亮某一个指示灯来指示这种状态。

7. 设计一个出租车计费器，具体要求如下：

(1) 可设置车型(不同的车型，其车轮直径不同，车轮转一圈的里程数也不同)。

(2) 可设置起步公里数和起步价(目前，国内每一个城市的起步里程和起步价不完全相同，因此，起步里程数及起步价要求可设置)。

(3) 可设置每百米费用。在超过起步里程后，出租车每走过 1 km 或 100 m，车费均在起步价的基础上，按每百米费用乘以百米数累加。

(4) 能够根据行驶里程，实时得出出租车费用。

项目 7　简易 CPU 设计

处理器不仅是计算机的重要部分，也是嵌入式系统必不可少的部分。嵌入式系统设计与应用是当前电子行业发展的一个重要方向。本项目将详细介绍一个基于 Verilog 状态机控制的 10 位指令微处理器的设计流程，包括 CPU 的系统结构设计、基本组成部件设计、指令系统设计和 CPU 的 RTL 级仿真与实现。本项目设计的 CPU 没有做任何的优化处理，也没有采用流水线技术。

本项目的设计目的：一是展示通用的 CPU 的架构以及实现原理；二是展示 HDL 语言在设计复杂数字系统方面的强大能力。

任务 7.1　简易处理器的系统架构设计

本任务主要介绍 8 位简易处理器的硬件系统的构建、系统支持的指令系统的设计及指令系统对应的硬件部件的设计。

本任务涉及的知识点有处理器系统框架设计、指令集设计及汇编语言设计。

一、简易处理器的组成结构

简易处理器的结构框图如图 7-1 所示。从图 7-1 中可以看出，简易处理器主要由控制器和数据路径两大部分构成。另外，为了配合简易处理器完成系统任务，还需要程序存储器和数据存储器，前者用于存放程序指令的机器码，后者用于存放计算结果。

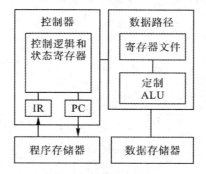

图 7-1　简易处理器的结构框图

简易处理器是一个可编程处理器。在简易处理器的设计过程中，设计者可针对现实中的应用对通用处理器的数据路径进行优化，如增加专门的功能单元执行常用运算，删除不常用的其他功能单元等。如图 7-1 所示，数据路径可针对特定的应用进行定制，寄存器可以增加，并且允许在一个指令内把一个寄存器内容与某一存储器位置相加，以减少寄存器数量，简化控制器。

系统采用自顶向下的方法进行设计。顶层设计由简易处理器和存储器通过双向总线相连而构成。其中，程序存储器与简易处理器的控制器通过总线交互信息；数据路径通过总线与数据存储器交互信息。

简易处理器与通用 CPU 的工作方式相同，执行一条指令，分多个步骤进行。程序寄存器 PC 初始值为 0，当一条指令执行完后，程序寄存器指向下一条指令的地址。如果执行顺序指令，PC+1 就指向下一条指令地址；如果执行分支跳转指令，则直接跳到该分支地址。

二、简易处理器的功能

设计要求：本简易处理器可通过运行存储在 ROM 中的程序来完成一定的功能，并将计算结果存储于数据存储器 RAM 中。

【例 7-1】　完成 $2 \times (0 + 1 + 2 + \cdots + 10) = ?$

本例用 C 语言实现。

```
int total = 0;
for (int i=10; i!=0; i--)
    total += 2*i;
  next instructions...
```

简易处理器的特点就是面向某一特定的应用领域，简易处理器像通用处理器一样是可编程的，因此简易处理器的体系结构可与通用处理器类似，但同时其各组成部分可在通用处理器的基础上作一些简化。例如，本任务设计的简易处理器要完成自然数的求和与移位功能，其功能部件只要能满足这一应用即可，所以实现起来比通用处理器考虑的内容少，设计内容少。

三、指令系统的设计

为了设计简易处理器，对可应用于该简易处理器的指令集作出约定是非常必要的。针对累加功能，可以约定如图 7-2 所示的一个简单的指令集。

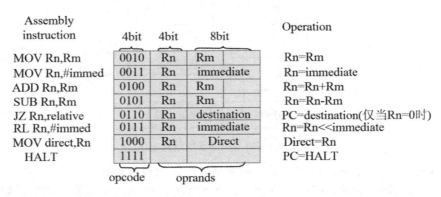

图 7-2　简单指令集

该指令集包括以下几类：

(1) 寄存器传输指令：将某寄存器的值传给另外一个寄存器。

(2) 装载指令：立即赋值。

(3) 算术运算指令：完成加减运算。

(4) 逻辑移位指令：完成左移操作。

(5) 存储指令：将数据存储到数据存储器中。

(6) 分支指令：使处理器转到其他地址。

从图 7-2 中可以看出，所有指令都包含 4 位操作码和 12 位操作数，所有指令完成的功能在图 7-2 中的右边已进行了说明。

对执行该指令集的简易处理器作如下约定：在寄存器文件中共有 16 个寄存器，立即数为 8 位二进制数，ROM 程序存储空间为 256 个地址，使用的 RAM 存储器有 16 个地址，等等。当然，可以根据简易处理器的功能要求修改指令集。例如，在对图 7-2 的指令集作出约定后，就可以用汇编语言来描述例 7-1 的算法，汇编语言代码如例 7-2 所示。

【例 7-2】　汇编语言描述例 7-1。

```
0          MOV R0,#0;         //total=0
1          MOV R1,#10;        //i=10
2          MOV R2,#1;         //常数 1
3          MOV R3,#0;         //常数 0
Loop:      JZ R1,NEXT;        //如果 i=0，则完成
5          ADD R0,R1;         //total+=i
6          SUB R1,R2;         //i--
7          JZ R3,Loop         //为零则跳转
NEXT:      MOV R4,R0          //将 R0 中的值传到 R4 中
9          RL R4,#1           //将 R4 中的值加倍
10         MOV 10H,R4         //将结果存放在 RAM 的地址 10H 处
HERE:      HALT               //停在这里
```

在此基础上可以方便地将求和算法转换为机器码并存放在程序存储器中，如例 7-3 所示。

【例 7-3】　机器码描述例 7-1。

```
memory[0]=16'b0011_0000_00000000;      //MOV R0,#0;
memory[1]=16'b0011_0001_00001010;      //MOV R1,#10;
memory[2]=16'b0011_0010_00000001;      //MOV R2,#1;
memory[3]=16'b0011_0011_00000000;      //MOV R3,#0;
memory[4]=16'b0110_0001_00001000;      // JZ R1,NEXT;
memory[5]=16'b0100_0000_00010000;      //ADD R0,R1;
memory[6]=16'b0101_0001_00100000;      //SUB R1,R2;
memory[7]=16'b0110_0011_00000100;      //JZ R3,Loop
```

```
memory[8]=16'b0010_0100_00000000;        // MOV R4,R0
memory[9]=16'b0111_0100_00000001;        // RL R4,#1
memory[10]=16'b1000_0100_00001010;       // MOV 10H,R4
memory[11]=16'b1111_0000_00001011;       //halt
for(i=12;i<(2**N);i=i+1)                 //存储器其余地址存放 0
    memory[i] = 0;
```

显然，程序存储器的字长取为 16 bit 较为合适。目前，常见的存储器的字长为 8 位、16 位、32 位或 64 位。当然，我们的设计可以很方便地根据需要将每条指令的机器码扩展为其他常用字长。

另外，需要说明的是，由于本设计涉及的程序代码较少，因此程序存储器和数据存储器均设计得很小。但是在设计这两种存储器时，本任务采用了参数化的设计方法，容易拓展到大容量的存储器，原理清晰，实现容易(感兴趣的读者可自行拓展)。

任务 7.2　简易处理器的设计实现

本任务主要完成处理器顶层系统框架设计、硬件模块划分、各基本部件的 HDL 代码设计。

本任务涉及的知识点有顶层系统设计、CPU、ROM 和 RAM 的实现方法。

一、顶层系统设计

在进行系统设计时，可以将整个系统进一步细化为 3 个模块，即 CPU、ROM、RAM，如图 7-3 所示。其中，程序存储器和数据存储器是为了配合简易处理器的工作而增加的简易处理器的外部器件。

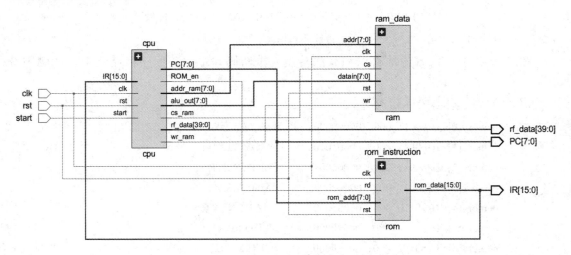

图 7-3　含 ROM 和 RAM 的 CPU 设计顶层规划

与图 7-3 相对应的代码如例 7-4 所示。

【例 7-4】　含 ROM 和 RAM 的 CPU 设计。

```verilog
module cpu_mem(clk,rst,start,rf_data,PC,IR);
input clk,rst;
input start;
output [39:0] rf_data;        //寄存器堆
output[7:0] PC;               //PC
output[15:0] IR;              //指令寄存器

wire ROM_en;
wire[15:0] IR;
wire wr_ram,cs_ram;           //RAM 接口信号
wire[7:0] addr_ram;
wire[7:0] alu_out;
    cpu cpu(.clk(clk),
            .rst(rst),
            .start(start),
            .ROM_en(ROM_en),
            .IR(IR),
            .PC(PC),
            .rf_data(rf_data),
            .wr_ram(wr_ram),
            .cs_ram(cs_ram),
            .addr_ram(addr_ram),
            .alu_out(alu_out));
    rom rom_instruction(.clk(clk),
                        .rst(rst),
                        .rd(ROM_en),
                        .rom_data(IR),
                        .rom_addr(PC));
    ram ram_data(.clk(clk),
                 .rst(rst),
                 .wr(wr_ram),
                 .cs(cs_ram),
                 .addr(addr_ram),
                 .datain(alu_out));
endmodule
```

将 CPU 进一步规划成 datapath 和 controller，如图 7-4 所示。

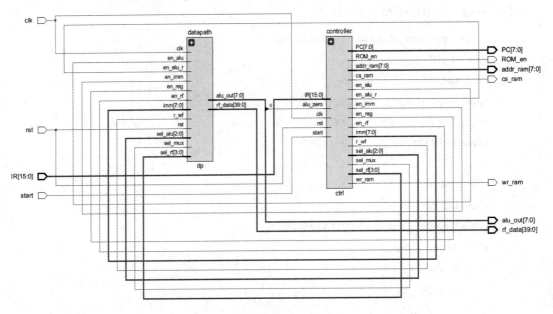

图 7-4　CPU 内部模块划分

与图 7-4 相对应的代码如例 7-5 所示。

【例 7-5】　CPU 内部模块划分(包括数据路径和控制器)。

```
module cpu(clk,rst,start,ROM_en,IR,PC,rf_data,wr_ram,cs_ram,addr_ram,alu_out);
input clk,rst;
input start;
input[15:0] IR;              //指令寄存器的内容
output[7:0] PC;              //PC 的内容
output ROM_en;
output wr_ram,cs_ram;        //RAM 接口信号
output[7:0] addr_ram;
output[7:0] alu_out;
output [39:0] rf_data;       //寄存器的内容
wire[7:0] imm;
wire[3:0] sel_rf;
wire[2:0] sel_alu;
wire sel_mux;
wire r_wf,en_rf,en_reg,en_alu,en_alu_r,en_imm;
  dp datapath(.rst(rst),
              .clk(clk),
              .r_wf(r_wf),
              .en_rf(en_rf),
```

```
                        .en_reg(en_reg),

                        .en_alu(en_alu),

                        .en_alu_r(en_alu_r),

                        .en_imm(en_imm),

                        .sel_rf(sel_rf),

                        .sel_alu(sel_alu),

                        .sel_mux(sel_mux),

                        .imm(imm),

                        .alu_out(alu_out),

                        .rf_data(rf_data));

        ctrl controller(.rst(rst),

                        .start(start),

                        .clk(clk),

                        .alu_zero(alu_out[0]),

                        .r_wf(r_wf),

                        .en_rf(en_rf),

                        .en_reg(en_reg),

                        .en_alu(en_alu),

                        .en_alu_r(en_alu_r),

                        .en_imm(en_imm),

                        .sel_rf(sel_rf),

                        .sel_alu(sel_alu),

                        .sel_mux(sel_mux),

                        .imm(imm),

                        .PC(PC),

                        .IR(IR),

                        .ROM_en(ROM_en),

                        .wr_ram(wr_ram),

                        .cs_ram(cs_ram),

                        .addr_ram(addr_ram));

    endmodule
```

图 7-4 中的简易处理器分为控制器和数据路径两部分，两部分的工作时钟设计为两个同频不同相的时钟。

图 7-4 中的控制器是整个简易处理器的核心，它产生控制信号控制数据路径的行为，而控制器是通过状态机来产生控制信号的。因此，控制器中的状态机的设计无疑是最重要也是最容易出错的地方。

数据路径的功能就是在控制器的控制下对数据进行相应的运算处理，包括多路选择、算术运算、逻辑运算等。图 7-4 中又对数据路径部分进行了细分。datapath 内部模块划分如图 7-5 所示。与图 7-5 相对应的代码如例 7-6 所示。

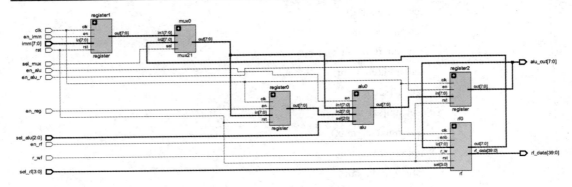

图 7-5　datapath 内部模块划分

【例 7-6】　数据路径顶层文件。

```
module dp(rst,clk,r_wf,en_rf,en_reg,en_alu,en_alu_r,en_imm,sel_rf, sel_alu,sel_mux,imm,alu_out,rf_data);
input rst,clk,r_wf,en_rf,en_reg,en_alu,en_alu_r,en_imm;
input[7:0] imm;
input[2:0] sel_alu;
input[3:0] sel_rf;
input sel_mux;
output[39:0] rf_data;
output [7:0] alu_out;
wire[7:0] op1,op2,out_imm,out_rf,alu_o;
register register0(.clk(clk),
                   .rst(rst),
                   .en(en_reg),
                   .in(op1),
                   .out(op2));
register register1(.clk(clk),
                   .rst(rst),
                   .en(en_imm),
                   .in(imm),
                   .out(out_imm));
register register2(.clk(clk),
                   .rst(rst),
                   .en(en_alu_r),
                   .in(alu_o),
                   .out(alu_out));
mux21 mux0(.sel(sel_mux),
           .in1(out_imm),
           .in2(out_rf),
           .out(op1));
```

```
alu alu0(.en(en_alu),
            .sel(sel_alu),
            .in1(op1),
            .in2(op2),
            .out(alu_o));
rf rf0(.rst(rst),
        .clk(clk),
        .r_w(r_wf),
        .enb(en_rf),
        .in(alu_out),
        .sel(sel_rf),
        .out(out_rf),
        .rf_data(rf_data));
endmodule
```

　　由图 7-5 可以看出，数据路径部分包括二选一数据选择器、寄存器、寄存器文件、ALU等，它们的时钟为同一个时钟。

　　上述设计具有很大的灵活性，可以根据不同的实际应用情况来修改参数。例如，对于寄存器文件中的寄存器数目，可以根据实际情况增减；对于 ALU 中进行的计算，也可以根据实际情况进行增减；等等。

二、基本部件设计

　　本系统的目标主要是设计一个简易处理器，同时也要设计与之协同工作的程序存储器和数据存储器。因此，CPU 设计包括三大部分：数据路径、控制器、存储器。其中，数据路径包括一些基本部件，即运算器、寄存器、通用寄存器文件、多路选择器等；存储器包括主要用于存放指令的程序存储器和主要用于存放中间运算结果的数据存储器；控制器通过状态机来实现指令的取指、译码，发出控制指令来控制数据路径的工作。

　　下面分别对系统中的各个基本部件进行设计实现。

1. 数据路径部分元件

　　在数据路径中包含寄存器文件、ALU、寄存器、数据选择器等。下面对每个部件先给出代码，再继续分析说明。

　　【例 7-7】　ALU(算术逻辑单元)的实现。

```
module alu(en,sel,in1,in2,out);
input en;
input[2:0] sel;
input[7:0] in1,in2;
output reg[7:0] out;
always @(*) begin
        if(en)
```

```
                case(sel)
                    3'b000: out <= in1;
                    3'b001: if(in1==0) out <= 1; else out <= 0;
                    3'b010: out <= in1+in2;
                    3'b011: out <= in1-in2;
                    3'b100: out <= in1<<in2;
                    default: ;
                endcase
        end
    endmodule
```

算术逻辑单元 ALU 通过一条或多条输入总线完成算术运算或逻辑运算。运算器 ALU 的结构如图 7-6 所示，in1 和 in2 为运算器输入端口，out 为运算器输出端口，控制信号 sel 决定了运算器的算法功能，en 使能 out 输出。

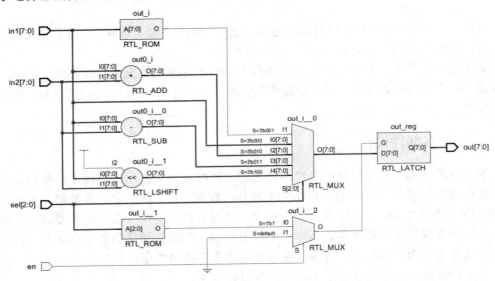

图 7-6　运算器 ALU 结构图

算术逻辑单元的算法功能如表 7-1 所示，ALU 可完成加、减等算术运算，还可完成逻辑运算。

表 7-1　运算器 ALU 的功能

sel	操　作	说　　明
3'b000	out=in1	直通
3'b001	if(in1==0) out =1; else out =0;	判断 in1 是否为 0，若为 0 则输出 out 为 1，否则 out 为 0
3'b010	out=in1+in2;	加法
3'b011	out=in1-in2	减法
3'b100	out=in1<<in2	移位

【例 7-8】　同步使能寄存器实现。

```
module register(clk,rst,en,in,out);
input clk,rst,en;
input[7:0] in;
output reg[7:0] out;
always @(posedge clk,negedge rst)
  if(!rst) out <= 0;
  else begin
    if(en) out <= in;
  end
endmodule
```

　　寄存器是组成时序电路的基本元件，在 CPU 中寄存器常被用来暂存各种信息，如数据信息、地址信息、控制信息以及与外部设备的交换信息。本文中的寄存器用作暂存立即数以及中间结果。寄存器结构如图 7-7 所示，clk、rst、en、in 为输入端口，out 为输出端口。这些寄存器在时钟上升沿到来时获得输入数据 in，en 控制 out 信号的输出时刻。

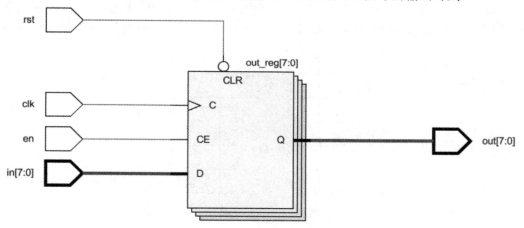

图 7-7　寄存器结构图

　　该寄存器是 8 位寄存器，输入 in 和输出 out 均为 8 位。在编制程序时，应注意可在寄存器中存放数的范围，以防止越界。

【例 7-9】　实现通用寄存器文件，本设计包含 16 个通用寄存器。

```
//从通用寄存器中读数据到 out，写数据 in 到通用寄存器中
module rf(rst, clk, r_w, enb, in, sel, out, rf_data);
input rst, clk, enb, r_w;
input[7:0] in;
input[3:0] sel;
output reg[7:0] out;
output[39:0] rf_data;                    //只读用到的 5 个寄存器
reg[7:0] reg_file[0:15];
```

```
integer i;
//将寄存器文件数据读出
assign rf_data={reg_file[4], reg_file[3], reg_file[2], reg_file[1], reg_file[0]};
always @(posedge rst, posedge clk) begin
    if(rst) begin
            for(i=0; i<15; i=i+1)
                    reg_file[i]<=0;
    end
    else if(enb == 1)
    begin
            if(r_w==0) reg_file[sel] <= in;        //写 register
            else    out <= reg_file[sel];          //读 register
    end
end
endmodule
```

寄存器文件的结构如图 7-8 所示，out 为输出端口，其余为输入端口。在执行指令时，寄存器文件中存放指令所处理的立即数，并且可对寄存器文件中的任一寄存器进行读写。

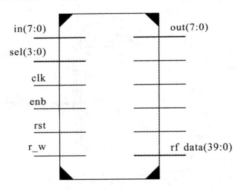

图 7-8　寄存器文件结构图

该寄存器文件相当于 16×8 位的 RAM。当向寄存器文件的一个单元写入数据时，输入 sel 作为单元地址，当 clk 上升沿到来时，若 r_w 和 enb 为有效电平，输入数据 in 就被写入该单元中；当从寄存器文件的一个单元读出数据时，输入 sel 作为单元地址，当 clk 上升沿到来时，若 r_w 和 enb 为有效电平，输出数据就会在 out 端口输出。

【例 7-10】　实现二选一多路选择器，用于选择立即数或者寄存器数据。

```
module mux21(sel,in1,in2,out);
input sel;
input[7:0] in1,in2;
output[7:0] out;
assign out=(sel)?in2:in1;
endmodule
```

程序说明：

二选一多路选择器的结构如图 7-9 所示，out 为输出端口，其余为输入端口。sel 信号控制着哪个输入信号输出到 out，当 sel 为 0 时，out＝in1；当 sel 为 1 时，out＝in2。

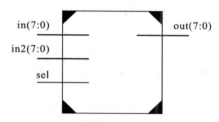

图 7-9　多路选择器结构图

2. 控制器部分

控制器提供必要的控制信号，使数据流通过数据路径后达到预期的功能。控制器部分使用状态机技术来实现，这个状态机根据当前的状态和输入的信号值，输出更新后的状态和相应的控制信号。

【例 7-11】　控制器实现。

```
module ctrl(rst,start,clk,alu_zero,r_wf,en_rf,en_reg,en_alu,en_alu_r,en_imm,sel_rf,
                sel_alu,sel_mux,imm,PC,IR,ROM_en,wr_ram,cs_ram,addr_ram);
    input rst,start,clk;
    input alu_zero;
    input[15:0] IR;
    output reg r_wf,en_rf,en_reg,en_alu,en_alu_r,en_imm;
    output reg[3:0] sel_rf;
    output reg[2:0] sel_alu;
    output reg sel_mux;
    output reg[7:0] imm;
    output reg[7:0] PC;
    output reg ROM_en;
    output reg wr_ram,cs_ram;
    output reg[7:0] addr_ram;
    parameter s0=6'b000000,s1=6'b000001,s2=6'b000010,s3=6'b000011,s4=6'b000100,
            s5=6'b000101,s5_2=6'b000110,s5_3=6'b000111,
            s6=6'b001000,s6_2=6'b001001,s6_3=6'b001010,
            s6_4=6'b001011,s6_5=6'b001100,
            s7=6'b001101,s7_2=6'b001110,s7_3=6'b001111,
            s7_4=6'b010000,s7_5=6'b010001,
            s8=6'b010010,s8_2=6'b010011,s8_3=6'b010100,
                s9=6'b010101,s9_2=6'b010110,s9_3=6'b010111,
                s10=6'b100000,s10_2=6'b100001,s10_3=6'b100010,
```

```
                        s11=6'b100011,s11_2=6'b100100,s11_3=6'b100101,
               s11_4=6'b100110,s11_5=6'b100111,
                        s12=6'b101000,
                        done=6'b101001;
reg[5:0] state;
parameter loadi=4'b0011, add=4'b0100, sub=4'b0101, jz=4'b0110, store=4'b1000,
              shiftL=4'b0111, reg2reg=4'b0010,halt=4'b1111;
reg[3:0] OPCODE;
reg[7:0] address;
reg[3:0] register;
//次态译码和寄存
always @(negedge rst,posedge clk) begin
    if(!rst)begin
        state<=s0;
            end
        else begin
        case(state)
            s0: begin                           // steady state
                        state <= s1;
                    end
            s1: begin                           // fetch instruction
                        if(start == 1'b1) begin   //start 控制单步执行,可由按键控制继续
                            state <= s2;
                        end
                        else state <= s1;
                    end
            s2:   begin                         // split instruction
                        state <= s3;
                    end
            s3:     begin                       // increase PC
                  state <= s4;
                end
            s4:     begin                       // decode instruction
                        case(OPCODE)
                            loadi:      state <= s5;
                            add:        state <= s6;
                            sub:        state <= s7;
                            jz:         state <= s8;
                            store:      state <= s9;
```

```
                    reg2reg:    state <= s10;
                    shiftL:     state <= s11;
                    halt:       state <= done;
                    default:    state <= s1;
                endcase
    end
s5: begin                                        // loadi
            state <= s5_2;
        end
s5_2: begin
            state <= s5_3;
        end
    s5_3: begin
            state <= s12;
        end
s6: begin                                        // add
            state <= s6_2;
        end
 s6_2: begin
            state <= s6_3;
        end
 s6_3: begin
            state <= s6_4;
        end
s6_4: begin
            state <= s6_5;
        end
s6_5: begin
            state <= s12;
        end
s7: begin                                        // sub
            state <= s7_2;
        end
s7_2: begin
            state <= s7_3;
        end
s7_3: begin
            state <= s7_4;
        end
```

```verilog
s7_4: begin
            state <= s7_5;
    end
s7_5: begin
            state <= s12;
    end
s8: begin                           // jz
        state<=s8_2;
    end
    s8_2: begin
            state <= s8_3;
    end
    s8_3: begin
            state <= s12;
    end
s9:   begin                         // store
                state <= s9_2;
    end
s9_2: begin
            state <= s9_3;
    end
s9_3:   begin
                state <= s12;
    end
    s10:   begin                    //reg2reg
            state <= s10_2;
    end
s10_2: begin
            state <= s10_3;
    end
s10_3: begin
            state <= s12;
    end
    s11: begin                      //shift left
            state <= s11_2;
    end
s11_2: begin
            state <= s11_3;
    end
```

```
            s11_3: begin
                        state <= s11_4;
                  end
            s11_4: begin
                          state <= s11_5;
                  end
            s11_5: begin
                        state <= s12;
                  end
            s12:    state <= s1;                    // go back for next instruction
            done:   state <= done;                  // stay here forever
            default: ;
        endcase
     end
end
//输出译码
always @(negedge rst,posedge clk) begin
   if(!rst)begin
        en_rf<=1'b0;
        en_reg<=1'b0;
        en_alu<=1'b0;
        en_alu_r<=1'b0;
        en_imm<=1'b0;
      ROM_en<=1'b0;                          //ROM 输出控制信号
      wr_ram<=1'b0;
        cs_ram<=1'b0;                                //RAM 接口信号
      PC<=0;
        end
    else begin
      case(state)
        s0: begin                                       // steady state
                    PC <= 0;
            end
        s1: begin                                        // fetch instruction
                if(start == 1'b1) begin  //start 控制单步执行, 可由按键控制继续
                  ROM_en<=1;
                end
                end
        s2:   begin                         // split instruction
```

```
                    OPCODE <= IR[15:12];        //操作码
                    register<=IR[11:8];         //第二寄存器或立即数
                    address<= IR[7:0];          //第一寄存器
            end
s3:     begin                                   // increase PC
    PC <= PC + 8'b1;
    end
s5: begin                                       // loadi
                imm<=address;                   //寄存器输出立即数
                    en_imm<=1;                  //使能寄存器
            end
s5_2: begin
                sel_mux<=0;                     //选择立即数
                en_alu<=1;                      //使能 alu
                sel_alu<=3'b000;                //alu 直通功能
                en_alu_r<=1'b1;                 //使能 ALU 后面的寄存器
            end
        s5_3: begin
                en_rf<=1;                       //使能寄存器文件
                r_wf<=0;                        //写寄存器
                sel_rf<=register;               //选择相应的寄存器
            end
s6: begin                                       // add
                sel_rf<=IR[7:4];                //使用 IR[7:4]作为寄存器文件的选择信号
                en_rf<=1;                       //使能寄存器文件
                r_wf<=1;                        //读寄存器文件中的加数
            end
    s6_2: begin
                sel_mux<=1;                     //选择寄存器
                en_reg<=1;                      //使能寄存器
            end
s6_3: begin
                sel_rf<=register;               //使用 IR[7:4]作为寄存器文件的选择信号
                en_rf<=1;                       //使能寄存器文件
                r_wf<=1;                        //读寄存器文件中的另一个加数

                en_reg<=0;
            end
s6_4: begin
```

```
                    sel_mux<=1;                  //选择寄存器
                    en_alu<=1;                   //使能  alu
                    sel_alu<=3'b010;             //alu 加法功能
                    en_alu_r<=1'b1;              //使能 ALU 后面的寄存器
             end
        s6_5: begin
                    sel_rf<=register;            //选择相应的寄存器
                    en_rf<=1;                    //使能寄存器文件
                    r_wf<=0;                     //写寄存器文件
             end
        s7: begin                                // sub
                    sel_rf<=IR[7:4];             //选择相应的寄存器
                    en_rf<=1;                    //使能寄存器文件
                    r_wf<=1;                     //读寄存器文件
             end
        s7_2: begin
                    sel_mux<=1;                  //选择寄存器
                    en_reg<=1;                   //使能寄存器寄存
             end
        s7_3: begin
                    sel_rf<=register;            //选择相应的寄存器
                    en_rf<=1;                    //使能寄存器文件
                    r_wf<=1;                     //读寄存器文件
             end
        s7_4: begin
                    sel_mux<=1;                  //选择寄存器
                    en_alu<=1;                   //使能  alu
                    sel_alu<=3'b011;             //alu 减法
                    en_alu_r<=1'b1;              //使能 ALU 后面的寄存器
             end
        s7_5: begin
                    sel_rf<=register;            //选择相应的寄存器
                    en_rf<=1;                    //使能寄存器文件
                    r_wf<=0;                     //写寄存器文件
             end
        s8: begin                                // jz
                    en_rf<=1;                    //使能寄存器文件
                    r_wf<=1;                     //读寄存器文件
                    sel_rf<=register;            //选择相应的寄存器
```

```
            end
        s8_2: begin
                sel_mux<=1;                 //选择寄存器
                en_alu<=1;                  //使能 alu
                sel_alu<=3'b001;            //判断是否为 0
                en_alu_r<=1'b1;             //使能 ALU 后面的寄存器
            end
        s8_3: begin
                if(alu_zero==1)
                    PC <= address;          //如果是 0 则跳转到地址
            end
    s9:   begin      // store
                sel_rf<=register;           //选择相应的寄存器
                en_rf<=1;                   //使能寄存器文件
                r_wf<=1;                    //读寄存器文件
            end
    s9_2: begin
                sel_mux<=1;                 //选择寄存器
                en_alu<=1;                  //使能 alu
                sel_alu<=3'b000;            //直通
                en_alu_r<=1'b1;             //使能 ALU 后面的寄存器
            end
    s9_3:  begin
                cs_ram<=1;                  //选中 RAM
                wr_ram<=1;                  //写入 RAM
                addr_ram<=address;          //写入地址
            end
        s10:  begin                         //reg2reg
                sel_rf<=IR[7:4];            //选择相应的寄存器
                en_rf<=1;                   //使能寄存器文件
                r_wf<=1;                    //读寄存器文件
            end
    s10_2: begin
                sel_mux<=1;                 //选择寄存器
                en_alu<=1;                  //使能  alu
                sel_alu<=3'b000;            //直通功能
                en_alu_r<=1'b1;             //使能 ALU 后面的寄存器
            end
    s10_3: begin
```

```
                    sel_rf<=register;            //选择相应的寄存器
                    en_rf<=1;                    //使能寄存器文件
                    r_wf<=0;                     //写寄存器文件
              end
          s11: begin                             //shift left
                    imm<=address;                //取立即数
                    en_imm<=1;                   //使能立即数寄存
              end
     s11_2: begin
                    sel_mux<=0;                  //选择第一路信号
                    en_reg<=1;                   //使能寄存器
              end
     s11_3: begin
                    sel_rf<=register;            //选择寄存器
                    en_rf<=1;                    //使能寄存器文件
                    r_wf<=1;                     //读寄存器文件
              end
     s11_4: begin
                    sel_mux<=1;                  //选择寄存器
                    en_alu<=1;                   //使能 alu 功能
                    sel_alu<=3'b100;             //左移功能
                    en_alu_r<=1'b1;              //使能 ALU 后面的寄存器
              end
     s11_5: begin
                    sel_rf<=register;            //选择寄存器
                    en_rf<=1;                    //使能寄存器文件
                    r_wf<=0;                     //写寄存器文件
              end
              s12: begin
          en_rf<=1'b0;
              en_reg<=1'b0;
              en_alu<=1'b0;
              en_imm<=1'b0;
              ROM_en<=1'b0;                      //ROM 输出控制信号
          wr_ram<=1'b0;
              cs_ram<=1'b0;                      //RAM 接口信号
              end
     default:    begin
          en_rf<=1'b0;
```

```
                    en_reg<=1'b0;
                    en_alu<=1'b0;
                    en_imm<=1'b0;
                  ROM_en<=1'b0;                        //ROM 输出控制信号
                wr_ram<=1'b0;
                  cs_ram<=1'b0;                        //RAM 接口信号
              end
          endcase
        end
      end
    endmodule
```

控制器结构如图 7-10 所示，左边为输入信号，右边为输出信号。控制器主要功能是对输入的指令 IR 进行译码，然后产生数据路径各部件按指令要求进行操作所需要的控制信号。

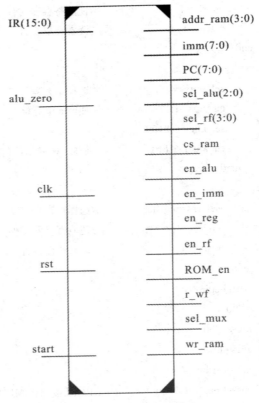

图 7-10　控制器结构图

控制器中一条指令的完成，通常需要多个操作步骤，即需要多个状态。因此，要完成加法、减法、取数、存数等指令，必须完成指令所需要的必要步骤，执行指令中的所有状态。s5、s5_2、s5_3 这 3 个状态完成装载立即数指令；s6、s6_2、s6_3、s6_4、s6_5 这 5 个状态完成加法指令；s7、s7_2、s7_3、s7_4、s7_5 这 5 个状态完成减法指令；s8、s8_2、 s8_3 这 3 个状态完成跳转指令；s9、s9_2、s9_3、s9_4 这 4 个状态完成存储指令；s10、s10_2、s10_3 这 3 个状态完成寄存器传输指令；s11、s11_2、s11_3、s11_4、s11_5 这 5 个状态完成移位指令；done 这个状态完成暂停指令。每条指令的每个状态完成的功能可参见代码的注释部分，并且可以通过 CPU 的汇编指令和机器码来理解。

对于控制器来讲，最重要的是状态机；而对于状态机来讲，状态图是最直观的表述方式。在设计状态机之前，需要画出状态图，这是写出高质量状态机代码的前提。

3. 程序存储器和数据存储器

【例 7-12】　程序存储器实现。

```verilog
//指令为 16 位：高 4 位为指令码；次高 4 位为寄存器；低 8 位为立即数
module rom(clk,rst,rd,rom_data,rom_addr);
    parameter M=16,N=8;          //4 根地址线，16 位数据的存储器
    input clk,rst,rd;            //rd 读使能信号
    input[N-1:0] rom_addr;
    output reg[M-1:0] rom_data;
    reg[M-1:0] memory[0:2**N-1];                       //4 根地址线，8 位数据的存储器
    always @(posedge clk,posedge rst)
        if(rst) begin: init                            //该顺序块用于初始化 ROM 值
            integer i;
            memory[0]<=16'b0011_0000_00000000;         //MOV R0,#0;
            memory[1]<=16'b0011_0001_00001010;         //MOV R1,#10;
            memory[2]<=16'b0011_0010_00000001;         //MOV R2,#1;
            memory[3]<=16'b0011_0011_00000000;         //MOV R3,#0;
            memory[4]<=16'b0110_0001_00001000;         // JZ R1,NEXT;
            memory[5]<=16'b0100_0000_00010000;         //ADD R0,R1;
            memory[6]<=16'b0101_0001_00100000;         //SUB R1,R2;
            memory[7]<=16'b0110_0011_00000100;         //JZ R3,Loop
            memory[8]<=16'b0010_0100_00000000;         // MOV R4,R0
            memory[9]<=16'b0111_0100_00000001;         // RL R4,#1
            memory[10]<=16'b1000_0100_00001010;        // MOV 10H,R4
            memory[11]<=16'b1111_0000_00001011;        //halt
            for(i=12;i<(2**N);i=i+1)                   //存储器其余地址存放 0
                memory[i] <= 0;
        end
        else begin: read                               //该顺序块用于读取 ROM 值
            if(rd) rom_data<=memory[rom_addr];
        end
endmodule
```

程序存储器中的内容是例 7-3 所示的机器码。程序存储器结构如图 7-11 所示。

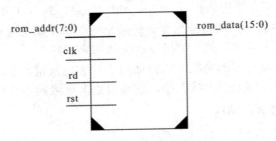

图 7-11　程序存储器结构

【例 7-13】 数据存储器实现。

```
module ram(clk, rd, wr, cs, addr, datain, dataout);
    parameter M=8, N=8;          //8 根地址线，8 位数据的存储器
    input rd, wr, cs, clk;
    input[N-1:0] addr;
    input[M-1:0] datain;
    output reg[M-1:0] dataout;
    reg[M-1:0] memory[0:2**N-1];
    always @(posedge clk) begin:p0
        if(cs) begin
            if(rd) dataout<=memory[addr];
            else if(wr) memory[addr]<=datain;
            else dataout<='bz;
        end
    end
endmodule
```

数据存储器可读可写，因此，数据存储器无须初始化。数据存储器结构如图 7-12 所示。

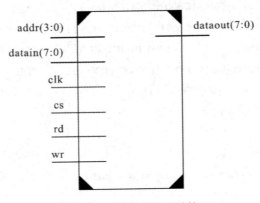

图 7-12　数据存储器结构

任务 7.3　简易处理器的仿真验证

本任务主要完成处理器的仿真验证。本任务涉及的知识点为查看 PC 指针对应的指令及其译码和执行过程；查看内部寄存器、查看 RAM、查看 ROM 等内存的方法。

在编辑仿真波形文件时，要将 CPU 的主要功能部件的输入/输出信号、各部件的控制信号、系统时钟信号，加入波形激励文件中。因为必须根据输入端口的工作特性，在输入端加入适当的激励信号波形，才能使仿真达到应有的测试效果。

仿真时所用的测试代码如例 7-14 所示。

【例 7-14】　例 7-5 的测试代码。

```
`timescale 1ns / 1ps
module cpu_mem_simulation;
    // Inputs
    reg clk;
    reg rst;
    reg start;
    // Outputs
    wire [39:0] rf_data;
    wire [7:0] PC;
    wire [15:0] IR;
    // Instantiate the Unit Under Test (UUT)
    cpu_mem uut (
        .clk(clk),
        .rst(rst),
        .start(start),
        .rf_data(rf_data),
        .PC(PC),
        .IR(IR)
    );
    initial fork
        // Initialize Inputs
        clk = 0;
        forever #10 clk = ~clk;
        rst = 0;
        #35 rst = 1;
        #65 rst = 0;
        start = 1;
```

```
                join

            endmodule
```

运行例 7-14，仿真波形如图 7-13、图 7-14 和图 7-15 所示。图 7-13 是全部的仿真波形，图 7-14 是从上电复位开始的一段仿真波形，图 7-15 是程序运行结束前的一段仿真波形。

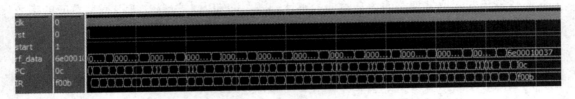

图 7-13　仿真输出波形(完成累加求和的全过程)

实际操作中，可以对仿真波形放大或缩小，查找所需要的信息。

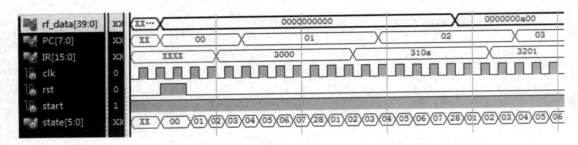

图 7-14　仿真输出波形(上电复位后)

从图 7-14 中可以看到程序执行时的信息，包括运行的指令、PC 值的变化、寄存器堆中内容的变化，以及状态机的状态变化。

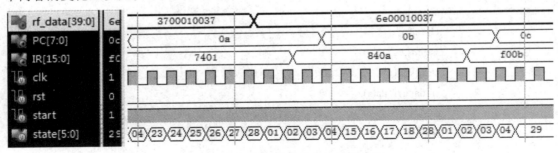

图 7-15　仿真输出波形(程序运行结束前)

从图 7-15 中可以看出，该简易处理器完成了累加功能，累加的结果为 8'h37，存放于内部寄存器 R0，累加后乘 2 的结果 8'h6e 存放于 R4 和 RAM 的 10H 地址处。该仿真结果表明该设计是正确的。

仿真过程中，可设置断点，单步执行仿真，查看 memory。在 CPU 的仿真中，这些都是比较实用的调试手段。例如，查看 memory，可以看到寄存器文件的内容、ROM 的内容以及 RAM 的内容。图 7-16 为 RAM 中的内容，此时的 RAM 已经把最终计算结果 01101110(即十六进制数 6e)存在了第 10 个位置。

在图 7-16 左侧，除了 RAM，可以点击 reg_file，查看寄存器堆中 16 个寄存器的内容；

也可以点击 ROM，查看 ROM 中存放的程序指令。

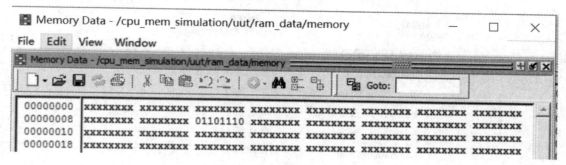

图 7-16　查看 memory 的结果

下面我们来分析系统复位和第一条指令的执行过程，该过程的仿真波形如图 7-14 所示。结合图 7-14，对复位过程和第一条指令的执行过程作了详细的注释，如例 7-15 所示。其中，复位有 1 个步骤，第一条指令执行有 5 个步骤，包括取指、译码、取数、运算、存储。

【例 7-15】　用于说明复位和第一条指令的代码及注释。

```
        if(rst)     begin
            state<=s0;                        //复位：上电初始化状态机初态
        PC<=0;                                //复位：初始化 PC 值为 0
            end
        else begin
          case(state)
          s0: begin                           //(步骤 1)初始状态
                PC <= 0;                       // 初始化程序计数器为 0
                state <= s1;
              end
          s1: begin                           //(步骤 2)取指令
                if(start == 1'b1) begin        //start 控制单步执行，可由按键控制继续
                  ROM_en<=1;
                  state <= s2;
                end
                else state <= s1;
              end
          s2:   begin                         //将指令拆分并存放在不同信号中
                OPCODE <= IR[15:12];
                register<=IR[11:8];
                address<= IR[7:0];
                state <= s3;
              end
          s3:    begin                        // (步骤 3)使 PC 增 1
            PC <= PC + 8'b1;
```

```
            state <= s4;
        end
    s4:    begin                        //(步骤 4)指令译码
            case(OPCODE)
            loadi:state <= s5;          //装载立即数指令
            add:      state <= s6;      //加法指令
            sub:      state <= s7;      //减法指令
            jz:       state <= s8;      //跳转指令
            store:state <= s9;          //存储指令
            reg2reg:     state <= s10;  //寄存器传输指令
            shiftL:  state <= s11;      //移位指令
            halt:  state <= done;       //暂停指令
            default: state <= s1;
            endcase
        end
    s5: begin                           //(步骤 5 第 1 步)将立即数装入寄存器
            imm<=address;               //将立即数交给 imm 信号
            en_imm<=1;                  //将 imm 存入寄存器
            state <= s5_2;
        end
    s5_2: begin                         //(步骤 5 第 2 步)立即数直接通过 ALU
            sel_mux<=0;                 //将多路选择器选择 imm 输出
            en_alu<=1;                  //使能 ALU
            sel_alu<=3'b000;            //使 imm 直通输出
            state <= s5_3;
        end
    s5_3: begin                         //(步骤 5 第 3 步)立即数装入通用寄存器
            en_rf<=1;                   //使能寄存器文件
            r_wf<=0;                    //写有效
            sel_rf<=register;           //指定写入的寄存器号
            state <= s12;               //(步骤 6)第一条指令执行完毕！进入 s12
        end
    ...
```

关于其他指令的执行过程，读者可对照代码并结合仿真波形进行分析。

项 目 小 结

本项目讨论了以下知识点：

(1) 处理器的组成结构，以及实现技术。越来越多的处理器已经应用于嵌入式系统中，这对嵌入式系统的应用和发展起到了很大的推动作用。

(2) 本项目完成了一个功能简单的处理器的设计，该设计用 HDL 语言实现，具有较高的灵活性。该设计可以看作是一个处理器的原型产品，我们可以在此基础上增加元器件。例如，可以在寄存器文件模块中增加更多的特定功能寄存器；也可以在 ALU 中完成更多的算术逻辑功能，如移位、计数等功能，这样就可以形成一个功能更强大的专用处理器，甚至可以构建一个通用处理器。

(3) CPU 的设计是一个综合的设计，通过对该设计的学习和理解，可以进一步加深对 Verilog HDL 语言的认识，加强对 Verilog HDL 相关语法的理解。

习　题　7

1. 根据控制器中状态机的描述，说明指令"ADD R0,R1;"的执行过程。

2. 根据控制器中状态机的描述，说明指令"MOV 10H,R0"的执行过程。

3. 对处理器进行修改，为其增加一条装载指令 LOAD，其功能是从数据存储器的某个地址取出数据并放入寄存器文件中。给出 LOAD 指令的运算流程，对控制器的状态机作相应的修改。

4. 根据控制器的代码，画出与控制器中的状态机相对应的状态图。

提示：控制器的代码是根据状态图得出的。要读懂代码，首先要清楚与该代码对应的状态图，所以画出状态图是读懂代码的第一步。

参 考 文 献

[1]　VAHID F, GIVARGIS T. 嵌入式系统设计[M]. 骆丽，译. 北京：北京航空航天大学出版社，2004.

[2]　明德扬科教. FPGA 至简原理与应用，2021. http://www.mdy-edu.com.